中国新生代

新新人类的生存哲学

李根稳／著

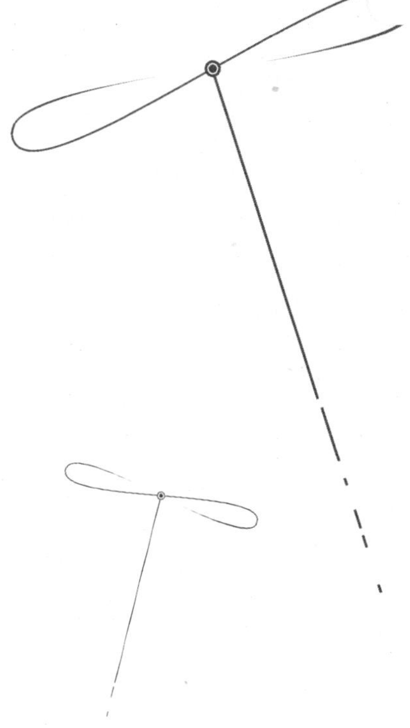

中国财富出版社

图书在版编目（CIP）数据

中国新生代：新新人类的生存哲学 / 李根稳著 . —北京：中国财富出版社，2015. 8

ISBN 978 - 7 - 5047 - 5728 - 9

Ⅰ. ①中… Ⅱ. ①李… Ⅲ. ①人生哲学—通俗读物 Ⅳ. ①B821 - 49

中国版本图书馆 CIP 数据核字（2015）第 114856 号

策划编辑 姜莉君　**责任编辑** 姜莉君
责任印制 方朋远　**责任校对** 梁　凡　**责任发行** 邢有涛

出版发行 中国财富出版社
社　　址 北京市丰台区南四环西路 188 号 5 区 20 楼　**邮政编码** 100070
电　　话 010 - 52227568（发行部）　010 - 52227588 转 307（总编室）
010 - 68589540（读者服务部）　010 - 52227588 转 305（质检部）
网　　址 http://www. cfpress. com. cn
经　　销 新华书店
印　　刷 北京京都六环印刷厂
书　　号 ISBN 978 - 7 - 5047 - 5728 - 9/B · 0438
开　　本 880mm × 1230mm　1/32　**版　　次** 2015 年 8 月第 1 版
印　　张 8　**印　　次** 2015 年 8 月第 1 次印刷
字　　数 180 千字　**定　　价** 35. 00 元

序

人生是短暂而绚丽的，成功是物质和精神的，幸福是轻灵且自然的。21 世纪的人类，身、心、灵出现了失衡状态，越来越多的人开始迷失自我，渴望追逐心灵的宁静以致远，重塑人生的平衡与和谐。

每个时代都有着自己的精神困惑，这个时代也不例外。80、90 后作为中国特定历史时期的一个群体，正经受着社会大变革带来的种种冲击。

有人说，他们是垮掉的一代；有人说，他们是创新的一代；有人说，他们充满活力、有思想、敢于担当；也有人说，他们遗弃传统、被西化、人性扭曲。

我们为自己代言——我们是正常的一代，世界终究是我们的！

80 后已经步入而立之年，承载着来自家庭、工作、社会的三重压力——我们不再年轻。

90 后开始真正步入社会大家庭，接受着工作、学习、成长的三大考验——我们已经长大。

未来有多远？未来会怎样？在大家谈论这个话题的时候，不妨把目光聚焦在我们这一代人身上，因为我们正在或是将要成为社会的主流。本书既是传承，又是变通，更是发扬，在这个物质与精神并行的时代，为中国新生代探索一条文化与思想之路。

这本书，是一个关于成长的话题。

或许除了成长，我们还会谈论这个时代。

或许这本书里的你和我，就是生活在这个时代里的每一个人。

因为——我们都属于这个大时代。

作　者

2015 年 3 月

目　录

导　读

春·生

——回忆·心灵的旅行

夏·长

——共鸣·用心去聆听

秋·收

——思考·灵魂的咆哮

冬·藏

——蜕变·智慧的力量

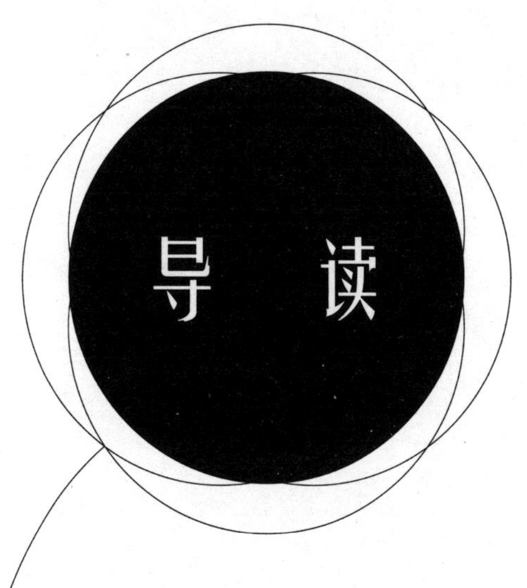
导 读

生命，

是四季的轮回

本书是中国第一部全方位研究和解读以80、90后为代表人物的著作，作者通过大量的社会调研和人物专访，站在历史与现实的角度，审视当下这个时代与这个时代的人，提出“身于行，行成于思；心于思，思源于静；灵于静，静止于行”的生存哲学！

中国新生代是一个时代的缩影，是当下社会的一面镜子，他们也必将成为这个时代的一面旗帜。以铜为镜，可以正衣冠；以史为镜，可以知兴替；以人为镜，可以明得失。每一代人都是在上一代人的担忧中长大，每一个人只有不断去了解别人，才能真正读懂自己！

本书采用全新的设计理念与阅读模式——图文并茂、通俗易懂、艺术性与功能性完美结合，内容精简而朴实，语言清新且素雅，帮助生活在快节奏时代的人们从疲劳、浮躁与繁忙中解脱出来，尽情享受阅读的乐趣和成长的快乐，并让我们爱上阅读。

阅读是灵魂的先知，在本书里，不是作者想告诉你什么，而是你看到了什么、想到了什么、得到了什么，这就是答案。

全书分为四个部分：春·生（回忆），夏·长（共鸣），秋·收（思考），冬·藏（蜕变），阐释了生命是四季的轮回这一深刻命题。人的一生不过匆匆数十年，没有谁能够摆脱生老病死的自然法则，如何让我们的生命之花绽放，如何找寻活着的全新意义，让我们打开本书，开始全新的生命之旅！

活 着

人，应该怎么活着？
在每一个人心中，都埋藏了一个不同的答案。

小孩子，天真烂漫，
老人家，无忧无虑，
富人，忙忙碌碌，
穷人，絮絮叨叨，
庸者，杞人忧天，
智者，简简单单，
就连病人，都认认真真……

生命给予了活着的权利，
同时，也赋予了各种选择。

蜉蝣朝生暮死，
寒蝉春生夏亡，
灵龟千年不老，
而我们在百年的生命旅途中，体悟着生老病死的自然法则。

蓦然回首，时光荏苒。

活着就是一种修行，

在这个世界上，除了阳光、空气、水和笑容，

我们还需要什么呢？

因为活着，就有希望。

留恋春天，

因为我们热爱生命。

回忆

心灵的旅行

青葱年华

生命起源

150 亿年前，宇宙大爆炸。

66 亿年前，银河系恋爱了。

46 亿年前，太阳系诞生，陪伴他的还有一个龙凤胎妹妹——地球。

35 亿年前，地球诞生出陆地、水圈（热）、微生物。

5.4 亿年前，寒武纪出现，带壳的后生动物大量出现。

6500 万年前，新生代出现，哺乳动物和被子植物高度繁荣。

3000 万年前，古人类出现。

20 万年前，早期智人出现。

10 万年前，晚期智人出现。

30 多年前，“中国新生代”出现：80、90 后新新人类，一个大约 4 亿人口的部落。

我是谁

在漫长的时光隧道中，人类只不过是生命长河里的一道涟漪。

生命之所以伟大，在于它毫无选择地繁衍，周而复始，生生不息。

1980 年伊始，我们毫无选择地来到了这个世界上，踏上了生命的征途。

岁月如梭，时光荏苒，一眨眼的工夫，我们都长大了。

在成长的日子里：

我们哭泣过，懵懂中的青涩，

我们跌倒过，坚强后的脆弱，

我们叛逆过，年轻人的专利，

坚定的前行，世界是我们的！

不要怕——谁没有年轻过！

不要悔——谁没有犯过错！

谁曾有过：我们一边被人注目着，一边被人鄙视着；

我们一边任人宠溺着，一边任人声讨着。

谁曾记得：汶川地震，玉树救援，有我们的血性和汗水；

北京奥运，上海世博，有我们的青春与活力。

我们热爱生命，向上、向善、向阳、向美。

我们充满力量，一路向前，勇往直前。

我是谁——中国新生代！

中国新生代

笔者提出，“中国新生代”就是以“改革开放”为时间节点，以“80、90后”为代表人物，以“鲜明人格与创造性思维”为时代特征的中国社会新生力量。

80、90后，一个新时代下的群体；

80、90后，一个饱受争议的群体；

80、90后，一个充满活力的群体；

80、90后，一个值得关注的群体。

人生路漫漫，上下皆求索；我们的时代，由我们指引……

关键词

我的地盘我做主。

一路走，不回头，这，就是80、90后。

关键词组：新新人类、改革开放、独生子女、社会转型、流动人口、生人社会、北上广、房价、网购控、就业、矛盾体、人口红利、应试教育、互联网、夜猫子、宅一族、手机控、追星族、火星文、乐观天真、青春活力、公益事业、个性与创新、金钱与叛逆、冷漠与自私、娇惯与颓废、课业负担与心理压力、且忙且空虚、肯定与鼓励、包容与引导、敢想敢干、仗义执言、知识养分多、全球视野、开拓精神、不贪婪、“5·12”汶川大地震、北京奥运、上海世博……

火星文

图中文字从右到左依次为：珍惜、耕耘人生、谦让、走自己的路、幸福在你心中、沟通、将心比心、耐心与坚持、坦然是福、包容、拥有平淡、生活需要幽默、信守承诺、感恩、闲话德与得、豁达处事是智者、提升自我、超越、挫折是人生的财富、生命的价值、学会理解、自信。

中国改革开放30多年，给中华大地带来了前所未有的激情和活力，于是，所有的中国人开始变得忙碌起来。

在父母的忙碌中，生在国旗下、长在阳光里的我们也一天天忙忙碌碌地长大。

于是，我们渴望长大，恐惧长大，不想长大！

青春是一首歌

青春，是每个人一生中最宝贵的财富，而年龄，只是人生的一个记事本！

中国新生代出生在当代中国社会最活跃的一个时期——改革开放，他们是这个时代的宠儿，也是幸运儿，更像调皮捣蛋、不断接受挑战的红孩儿。

农村的新生代们更多地经历了留守儿童、迷茫少年、外出求学、毕业后背井离乡；在一个个陌生的城市，找寻内心的那份执着，渴望改变命运，也会被命运一次次地欺骗。每个人都有属于自己的一段故事，或许不曾感动过别人，但一定会感动自己。有过辛酸、有过喜悦、有过无奈，也有过迷茫，在城市里奋斗，也在城市里失去……

城市的新生代们更多地经历了海军衫童年、懵懂少年、幸福的大学时光，毕业后没有了国家分配，依靠的就是自己的双手和脑袋。在不愿被父母安排命运的驱使下，有人参与了北漂、南下的大潮中；也有人就留守在这座自己再也熟悉不过的城市，开始感受梦想与现实的碰撞，体味生活与命运的邂逅，开始了自己的情感、生活与事业……

回首，当我们还带着孩子般的懵懂与童真时，原来，青春已悄悄地跟我们说再见！

烙 印

每一个时代都会在每一代人身上留下深深的烙印。

60后——“广播一代”。他们是“听话”长大、艰苦的一代。

烙印：红色革命、三年自然灾害、十年“文化大革命”、下岗、生活节俭、吃苦耐劳、有民族认同感等。

70后——“电视一代”。他们是“看戏”长大、奋斗的一代。

烙印：恢复高考、实现四个现代化、走进改革开放的新时代、五讲四美、闪闪的红星、传统不守旧，开放不放纵等。

80、90后——“网络一代”。我们是“不想”长大、阳光的一代。

烙印：独生子女、继承与完善、高校扩招、剩男剩女、自由开放、渴望成功、强调个性、灵光闪闪、唱着无所谓其实有所谓、年轻有朝气、前卫又另类、在探索中沉迷、在实践中成长等。.

每一代人都是在前一代人的担忧和怀疑中一天天长大的。

流金岁月（1980—1999年）

1980年	踏着春天的脚步，80后的我们来了
1981年	虽说80后的我们少有兄弟姐妹，但是开展“五讲”“四美”的文明礼貌活动还是很积极
1982年	有一个姓韩的小男孩出生，后来成为作家、职业赛车手和导演
1983年	摇滚乐队Beyond（中国香港摇滚乐队）成立，一首首经典歌曲伴随着我们长大，还有那首献给南非黑人人权精神领袖曼德拉的《光辉岁月》
1984年	许海峰实现中国奥运金牌零的突破，乔丹也加入了NBA（美国职业篮球赛），生命在于运动，身体是革命的本钱
1985年	超级玛丽问世，马里奥靠吃蘑菇成长，我们的童年多了一些快乐
1986年	中国摇滚之父崔健的一首《一无所有》唱响北京工人体育馆，长大后的80后组建了啃老族、月光族、裸裸青年
1987年	中国人第一次接触互联网，以后我们就彻底地离不开它了
1988年	电视连续剧《西游记》全集播出，至今仍是寒暑假重播次数最多的电视剧之一
1989年	邓小平说10年改革最大的失误是教育发展不够，北京起了政治风波又平息了
1990年	熊猫盼盼在北京，90后的我们来了

续 表

1991 年	“希望工程”开始实施，7 岁的大眼睛小女孩苏明娟成为中国希望工程的宣传标志——我们活在希望中
1992 年	《夏令营中的较量》的报道，在全国率先引发对新新人类的关注和争议
1993 年	世界上第一台 VCD（影音光碟）——万燕牌产自中国，也是消费电子产品有史以来我国唯一领先世界的成果，吸引着世人的眼球
1994 年	《大话西游》火爆来袭，让人奉为经典的还有那句台词“我希望是一万年”
1995 年	“幸福工程——救助贫困母亲行动”正式启动，我们现在依旧需要幸福
1996 年	《一帘幽梦》上映，“琼瑶小生”和“琼瑶女郎”成为万千少年的梦中情人
1997 年	邓小平逝世，中国香港回归，互联网开始普及，“网虫”出现
1998 年	电视剧《还珠格格》首播，而后“小燕子”的《致青春》一样感动了我们
1999 年	中国高校开始扩招，QQ（腾讯公司开发的一款即时通信软件）走进我们的生活，中国澳门回归了

我们这一代

时间总是无情地在每个人的脸上烙上了岁月的痕迹，

有人说，你开始回忆，说明你已经变老。

但回忆总是甜蜜的，因为逝去的永远是最美好的。

如今，我们在追忆中逝去了一天又一天。

农村的我们，在围城中长大、在孤独中坚强、在自强中成熟；

城市的我们，总是很孤独，总会有矛盾，总感到忙碌。

农村长大的我们，一直渴望能够走进城市去生活，可现实真的太残酷，即使你已经全力以赴，奋不顾身；

城市长大的我们，一直希望逃出一种莫名的束缚，那是用金钱买不来的自由，那是用心都能感知的快乐。

每个人都有一部辛酸史，有太多的东西埋葬在自己的内心，从艰苦奋斗到小有成就，从农村到城市，从小城市到大城市，从国内到国外，每一天我们都在奋斗的路上。

越奋斗，越孤独……

我们这一代人，经历了太多的快乐和痛楚。

“不二不厉”

我们的时代，似乎总是与“二”有关；

一二三四五，上山打老虎。

考不上一本，就考个二本。

一加一不等于二，那到底等于几？

为什么大家总是在骂二楼？

其实，在我们每个人的圈子中，一定不缺少穷二代、富二代、官二代、红二代 、星二代、康二代、土豪二代……

就连拍个照，永远是那么二的一个手势“V”！

从小都有点二的我们，是否与阿 Q 先生有关已不得而知，但是生活在每一天都充满挑战的岁月里，我们“不二不厉”。

我们时而谦和，时而张扬，时而宁静，时而疯狂，是因为听人说：青春不疯狂，岁月剩凄凉。

完全在消费社会的浸泡下长大的我们，不知道从何时起，就被贴上了很多标签：“垮掉的一代”“迷惘的一代”“愤青的一代”“幸运的一代”……前辈们总是喜欢拿自己多年打拼积攒下来的那份尊严与刚出道的我们来一较高下，这是否有失公平？

今天，我们已走向历史的舞台。我们认为，成功不是超越别人，而是战胜自己，我们有着自己的价值砝码，并愿意为微小的理想而奋斗。我们是承前启后的一代，是有责任和思想的一代，也是正在成长中的一代。我们打开了自己，是为了更好地坚守、承担与革新，不抛弃传统，也不拒绝新潮。我们包容的东西会很多，也注定我们有时会迷茫。

于是，在“完全封闭”到“完全开放”的成长环境下，我们用“不二不厉”的精神来祭奠自己成长的青“葱”岁月。

我二过，我快乐！——二二吧（2 月 28 日）！

那些年，那些事，挺怀念

立正，稍息

我们沐浴着改革开放的春风，我们也在春风中漫步前行，没有一代人像我们这样经受着如此多的思想冲击。

非典、洪水、地震、雪灾……我们看到过，听到过，也亲身经历过。

1993 年，天妒英才，Beyond 的黄家驹走了，我们就像失去了我们的长城，失去了我们的大地，失去了我们的“光辉岁月”和“海阔天空”。

第 11 届奥斯卡金像奖最佳影片得主《泰坦尼克号》，让我们小小年纪知道了爱和永恒。

还有美国“9 · 11”事件，熊猫烧香（一种电脑病毒，中毒电脑的可执行文件会出现“熊猫烧香”图案），还有 CS（反恐精英，一款射击游戏）、魔兽世界……

韩日世界杯，中国“毫无悬念”地第一次走进世界杯，刘翔的 12 秒 91，李宇春的神话，还有三鹿。

当然，一直也不能忘怀“同桌的你”，还有长大后的“老男孩”。

小时候，哭着哭着就笑了，长大后，笑着笑着就哭了。

还记得那个时候每个星期二下午电视台是这样的。

小孩子喜欢用蘑菇形状的香香——孩儿面。

男孩子都是把自己的四驱车大拆进行检修加保养。

中央人民广播电台——现在为学龄前儿童广播……小朋友，小喇叭开始广播了，哒滴答，哒滴答，哒滴哒哒滴……小喇叭广播完啦，小朋友再见。

小时候，有一个榜样叫雷锋；有一种美味叫“大白兔”；有一首儿歌叫“小燕子”；有一部电影叫“地道战”；有一款游戏叫魂斗罗；有一篇课文叫“司马光砸缸”；有一句话叫“狼来了”；有一次针扎叫打疫苗……现在它们有一个共同的名字叫回忆。

童年·趣事

关键词：快乐

镜头一：农村

路是泥巴的，菜长在地里，河水总是很清澈，里面有鱼、虾，还会有螃蟹。我们可以光着脚丫满田野地跑。下雨天，我们玩泥巴；下雪天，我们堆雪人；艳阳天，我们下河游泳。躲在屋檐下，就可以看到燕子衔着泥巴筑巢。最好吃的水果是苹果，最常玩的游戏是捉迷藏，每个人的家里都会有几本小人书。上学时父母给的第一件礼物就是印着五角星的黄书包，还没有装书，就开始在比自己小的伙伴面前显摆。有电视机的地方总会有很多人，有老人的地方总会有很多鬼故事……

镜头二：城市

冰箱里有盐水棒冰，家里有黑白电视机、双卡录音机，玩具是洋娃娃，偶像有香港四大天王，也有霍元甲与郭靖。会有香蕉吃，也有味道一开始并不习惯的麦乳精，喝水都是大大的瓷缸子。用手柄游戏机玩超级玛丽或坦克大战。书包里装着带吸铁石的文具盒。校服是海军衫。爸妈总有一个人会骑着二八式自行车送我们上学，我坐在前面。亲戚总有几个是农村的，来家里会带着自家鸡下的蛋，而且都很热情。春游前的一个晚上经常兴奋得睡不着觉，周末经常在姥姥、姥爷家度过……

少年·记忆

关键词：自由

镜头一：农村

上学成为我们走向外面世界最好的方式，也是全家人守候的同一个梦想。学上得越多，我们就会离家越远。或骑单车三五一群去上学，再远一点就住校。于是，我们开始慢慢主宰属于自己的世界，早早地体验着孤独与坚强的滋味。

离家越远，我们似乎越自由。

渐渐地，我们习惯了陌生的环境，不再需要家里已经吃腻了的早点，也不用再忍受妈妈唠唠叨叨的叮嘱。我们的生活中开始出现街机游戏、电脑红警、滑旱冰、吃冰激凌，或去同学的家里聚会、过生日，爱上网吧、游乐场，床头的故事会，还有越来越时尚的衣着打扮。

只有在受委屈时，才会想念家人……

镜头二：城市

不记得哪一年，家里的房子已经变大了。

我们再不用像小时候一样去当父母的电灯泡，我们开始拥有了自己的私密空间。喜欢一个人静悄悄地躺在床上看漫画书，有时候也会闭上眼睛天马行空地幻想。喜欢带有密码锁的日记本，把想说的话都写在里面，锁好，再藏起来。

把自己喜欢的明星照贴在墙上，对着他们发呆，渴望真有一天可以见到他们。把父母给的零花钱省下来去买他们的专辑，开心地一遍遍听着他们的歌，跟着一起哼唱。

周末会去少年宫或新华书店，在那里总会多认识几个好朋友。运气好的时候，跟父母去肯德基或去看望麦当劳叔叔，心里也会时不时地牵挂起姥姥、姥爷，因为那里装满了回忆。

班里最大的秘密是爱情！不知道听谁说有人在谈恋爱，一个传一个，就这样他俩真的就开始恋爱了。

班上偶尔也会转来几个品学兼优的学生，他们穿着很朴素，简单地只干一件事——好好学习，天天向上。

看着他们，有时候心里会觉得自己生活得也蛮幸福……

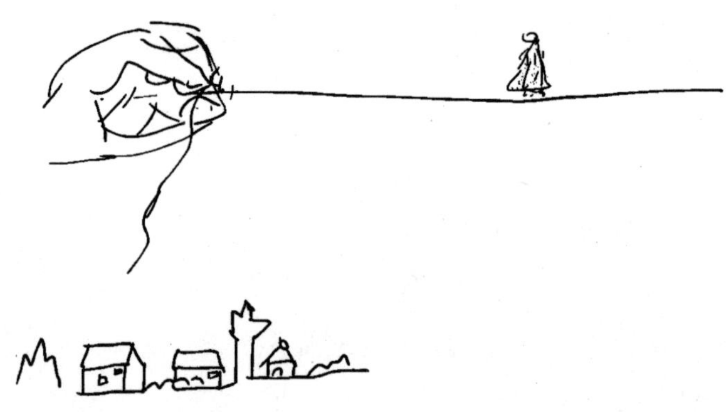

青年·绽放

关键词：容易吗我

毕业了，我们齐刷刷地从学校那个加工厂的流水线上滚滚而下，同时站在了人生的另一个起跑线上。

蓦然回首，才发现原来校园的生活是那么惬意、美好、真实，一幅幅画面在眼前静静闪过，有他，有她，也有我。

下班的路上，偶遇背书包的中学生，会怀念那个也是曾经的我，心里顿生一丝莫名的感叹。

时间如流水，每个人都学会了狂饮。

当我们都疯狂地为“三十而立”在奋斗的时候，四大家族出现在了我们的周围——啃老族、穷忙族、蚁族、蜗居族。

上今天的班，睡昨天的觉，花明天的钱，成为我们的人生三部曲。

我们在感叹别人的时候，也会一个人悄悄地舔舐自己的伤口。

因为奋斗之余的我们，也会有落寞与孤独。

于是，有人开始呐喊，有人开始彷徨，有人朝花夕拾，也有人灯下漫笔。

而在人生的这条大道上——要么在苦难中沉沦，要么在沉沦中崛起。

勇敢去闯，让青春绽放吧！

动 漫

每天放学回家，匆匆打开电视寻找的是：

葫芦娃——“如意如意，随我心意，快快显灵！”

一休哥——“不要着急，不要着急，休息，休息一下……”

美少女战士——“爱和正义的美少女战士，水冰月！我要代替月亮，消灭你们！”

樱木花道——“赤木晴子她实在是太可爱了，如果能跟她一起上下学的话，就算死也行啊！”

圣斗士星矢——“天马流星拳”“钻石星尘拳”“星云锁链”。

舒克和贝塔——“舒克舒克舒克舒克舒克舒克舒克舒克，开飞机的舒克；贝塔贝塔贝塔贝塔贝塔贝塔贝塔贝塔，开坦克的贝塔。”你知道到底有多少个“舒克”与“贝塔”？

黑猫警长——“啊哈，黑猫警长”，这首歌和这部动画片，你一定不会陌生啊！

神笔马良——马良后来到什么地方去了呢？有谁知道吗？

蓝精灵——“在那山的那边，海的那边，有一群蓝精灵……”几十个蓝精灵个性各有千秋，绝无雷同，他们处于快乐的生活和同格格巫的智斗中。

大力水手——“我是大力水手，我喜欢吃菠菜，因此我力大无比。”

铁臂阿童木——“战斗！这就是我存在的意义。”他坚毅的背影告诉我们，做真正的自己，胜利一定会属于我们！

还有《花仙子》《海尔兄弟》《大头儿子和小头爸爸》《猫和老鼠》《宝莲灯》《恐龙战队》《蓝皮鼠和大脸猫》《飞天小女警》《蜡笔小新》《阿凡提》《天线宝宝》《海绵宝宝》《神奇宝贝》《数码宝贝》《樱桃小丸子》《犬夜叉》《海贼王》《火影忍者》《名侦探柯南》《铁甲小宝》《忍者神龟》《小蝌蚪找妈妈》《三个和尚》《没头脑和不高兴》《哆啦 A 梦》《千与千寻》《灌篮高手》《足球小子》等。

影　视

使用频率最高的台词：

《西游记》——悟空救我；

《红楼梦》——妹妹救我；

《水浒传》——哥哥救我；

《三国演义》——军师救我。

假期常播的电视剧：

《西游记》《还珠格格》《新白娘子传奇》《武林外传》《三国演义》《红楼梦》《射雕英雄传》《康熙微服私访记》《家有儿女》《情深深雨濛濛》等。

熟悉的影视作品：

《小龙人》《封神榜》《婉君》《我爱我家》《天龙八部》《戏说乾隆》《穿越时空的爱恋》《春光灿烂猪八戒》《粉红女郎》《风云》《绝代双骄》《奋斗》《亮剑》《萧十一郎》《大话西游》等，不能忘记《世上只有妈妈好》。

最熟悉的台词：

“曾经有一份真诚的爱情放在我面前，我没有珍惜，等到我失去的时候，我才后悔莫及，人世间最痛苦的事莫过于此。如果上天能够给我一个再来一次的机会，我会对那个女孩子说三个字——‘我爱你’。如果非要在这份爱上面加一个期限，我希望是……一万年！”

音　乐

以下歌词你一定是唱出来的，不信试试：

找呀找呀找朋友，找到一个好朋友，敬个礼呀握握手，你是我的好朋友。

妹妹你坐船头哦，哥哥我岸上走。

小兔子乖乖，把门儿开开，快点开开，我要进来。

我在马路边捡到一分钱，把它交到警察叔叔手里边，叔叔拿着钱，对我把头点，我高兴地说了声：叔叔，再见。

夏天夏天悄悄过去，留下小秘密，压心底压心底，不能告诉你。

啦啦啦，啦啦啦，我是卖报的小行家，不等天明去卖报，一面走一面叫，今天的新闻真正好，七个铜板就买两份报。

春天在哪里呀，春天在哪里，春天在那小朋友的眼睛里。

还有我们记忆里的四大天王，调皮的林志颖今天依然不老，小虎队依旧伴随着我们成长，华健已年过半百情歌却越唱越开怀。《童年》还是那样的五彩斑斓，一起哼唱 Beyond 的

《光辉岁月》、老狼的《同桌的你》、郑智化的《水手》、任贤齐的《心太软》；女孩子都喜欢的《隐形的翅膀》、S. H. E（中国台湾女子流行演唱组合）是实力与偶像的化身，大学饭堂里熟悉的萨克斯代表作《回家》、美国的蓝调、经典的电影歌曲《我心永恒》；还有当年的“超女”“快男”，忙坏了每一个粉丝手里的电话。

> 歌声是最真实不过的历史，它具有奇特的功效，能够让人穿越时空的隧道，真切地感受到我们曾经经历的岁月，甚至让我们感到从来没有经历和体验过的往日情怀。
>
> ——著名乐评人金兆钧先生语

游　戏

那些年，我们一起玩过的游戏：

电玩类：

F1（世界一级方程式锦标赛）赛车、超级玛丽、魂斗罗、街头霸王、塔克大战、街头快打、俄罗斯方块、冒险岛、忍者神龟、吞食天地、红警、CS（反恐精英）、魔兽世界……

室外游戏：

跳绳、跳房子、堆雪人、丢手绢、摔泥巴、翻花绳、跳皮筋、捉迷藏、丢沙包、拍洋画、跳马、弹玻璃球、编花篮、斗鸡子、老鹰捉小鸡、打陀螺、踢毽子……

玩　具

这些东东，我和我的小伙伴们都惊呆了。

积木、魔方、洋娃娃、东西南北张大嘴、纸飞机、弹弓、芭比娃娃、变形金刚、铁皮青蛙、电子宠物、四驱车、悠悠球、打火机电子、塑料枪、飞行棋、贴图、盖章、肥皂泡泡、小跳棋、泡泡胶、橡胶锤、陀螺、恐龙蛋、军棋、弹珠超人、红外线……

零 食

那些年，有一种快乐叫分享：

宝塔糖、娃娃头雪糕、大白兔奶糖、果丹皮、酸梅粉、棉花糖、大大泡泡糖、健力宝、爆米花、烤红薯、冰糖葫芦、魔鬼糖、麦丽素、小当家、乐百氏、小香槟、猫耳朵、蓼花糖、无花果、酒心巧克力、跳跳糖、棒棒冰、汽水、娃哈哈、西瓜糖、小浣熊干脆面、麻辣片、冰棒、唐僧肉、太阳锅巴、小果冻、浇糖稀、华华丹、奶片、卜卜星、糖水橘子罐头、麦乳精、粒粒橙、戒指糖……

校园生活

校园生活，让我们都真实地快乐……

课桌上的“三八线”——我们也画，不过，总是我可以超线，同桌如果超的话，就被我戳成蜂窝了（来自一个小女生的自白）。

罚站——如果被罚站，最怕的就是下课了老师还拖堂，周围的“粉丝们”会越围越多，后面爸妈就知道了，然后……

你记得吗——你记得需要背诵的“锄禾日当午，汗滴禾下土。谁知盘中餐，粒粒皆辛苦”吗？你记得曾经被津津乐道的“乌鸦喝水”“司马光砸缸”“孔融让梨”吗？你记得新学期拿到新书的时候会用报纸做书皮吗？你记得小学每天上学时都一定不会忘记带上鲜艳的红领巾吗？你记得每年开学的第一天基本上要劳动吗？

眼保健操——做眼保健操的时候，你总是因为偷偷睁眼被老师批评。

知错能改——写作业时写错了字经常用的小方格改正纸，后面升级为修正液。

还有就是下课以后经常光顾的小卖部！

十二年

十二年一轮回，子、丑、寅、卯、辰、巳、午、未、申、酉、戌、亥，每个人都在其中。

十二年，也是每个学子在求学路上的一次轮回，从小学一年级到高中三年级，寒窗苦读，满腔热情，每一个人都时时刻刻为这次轮回在做着准备，命运在这次轮回中也会出现很多拐点。

在上学犹如打仗一样的岁月里，你追我赶，互不相让。玩是什么？学又为何？不知道多少人曾经剥离得很清楚，隐约之间，在我们每个人的内心中，都向往着自由。

十二年里，我们不是一个人在战斗。在中国父母的眼里，求学是子女出人头地的唯一途径，不管吃再多苦，受再多累，都乐此不疲。

十二年里，我们的考试成绩是父母除了赚钱养家以外最关心的事情，似乎在内心隐隐约约感觉上学不是为了自己，而是为了优异的成绩以报答父母养育之恩。

可怜天下父母心！

所以，在高考结束的那一夜，我们都集体失眠了。

第一次

第一次听到优美的旋律是在妈妈肚子里。

第一次收到礼物是在过生日的时候。

第一次知道接电话先要说“喂”。

第一次受到表扬是叫小红花。

第一次收音机听到的就是“小喇叭开始广播了，哒滴答，哒滴答，哒滴哒哒滴——”

第一次骑单车就摔破了膝盖。

第一次看到爸爸妈妈吵架是在我发高烧的那个晚上。

第一次一个人睡钻到被窝里不敢露出脑袋。

第一次难过就会缠着妈妈问：我到底是不是在路边捡来的?

第一次上学是爸爸送我去的学校。

第一次跟谁打架，输了赢了?

第一次离家出走，是因为什么事情?

第一次受伤，你有没有哭?

第一次恋爱，你多大了?

第一次看电影，你和谁去的?

第一次游泳，你喝了多少水?

第一次发工资是多少钱?

第一次坐飞机什么心情?

最让你刻骨铭心的第一次……还记得吗?

其实，每一天都是一个全新的第一次。

人生总会有很多个第一次，有时是开始，有时是结束。正是因为第一次，才会记得那么深刻，那么值得留恋。你还记得许许多多个第一次里面都有谁，他们如今在哪里，过得好吗?

我们长大了

小时候，幸福是简单的事；长大后，简单是幸福的事。

还记得小时候蓝蓝的天吗？

不会忘记一起谈论长大后的梦想吧？

时间总是让人感悟它存在的同时，

每个人都在慢慢地变老。

而我们，80、90后中国新生代，

也已经长大。

若人生像公交车站一样可以停靠，

我们的站点叫风华正茂。

有了工作，学着生活，

或许还得有个家。

岁月永远年轻，我们慢慢老去，你会发现，童心未泯，是一件多么值得骄傲的事情。

榜 样

力量·速度·毅力：姚明、刘翔、李娜。

智慧·进步·创新：李想、董思阳、戴志康。

青春·活泼·张扬：胡彦斌、周笔畅、王宝强。

才华·聪慧·激情：韩寒、华少、朱丹。

他们自负，因为从小就喜欢冒险，自负是一种挑战。

他们叛逆，因为习惯用自己的方式处理事情，叛逆是一种创新。

他们迷茫，因为他们要找到不同的路，条条道路通成功，迷茫是一种重生。

他们执着，因为年轻需要苦难的磨砺，失败了才更懂珍惜，执着是一种坚守。

他们疯狂，因为疯狂的背后是年轻，疯狂是时间的指针，疯狂是一种突破。

他们幻想，因为世间的发明开始的时候都是痴心妄想，幻想是一种力量。

于是，年轻就成了一种资本。

秘　密

小时候：

不能吞下泡泡糖，否则会黏到肠子上，会死掉。

被人用脚迈过头会倒霉。

踩影子会长不高。

吃耳屎会变哑巴。

在家里不可以打伞。

吃带籽的水果一定要把籽吐掉，否则头顶会长水果。

红领巾是用烈士的鲜血染红的。

和异性牵手、接吻会导致怀孕。

不乖的孩子会被大灰狼叼走。

三更半夜照镜子会见鬼。

童年的记忆里，有一门功课叫模仿家长签字。

妈妈总会用“孩子乖，妈妈回来会买糖给你吃”欺骗我们。

长大后：

电话少了，短信多了，后来短信也少了，QQ 留言多了，遇到最多的两个字就是：在吗？

抽出空来会去电影院看电影，小时候觉得那是一个很浪漫的谈情场所，现在是冲着你熟悉的导演和喜欢的演员去的。

加了很多QQ群，从小学到工作的，但是不怎么爱在群里发言。

偶尔哼着的歌，还是好几年前你熟悉的旋律，歌词也许都记得不太清楚了，但是依然接着哼。

很久没有买书了，也很久没有看书了，离不开电脑，离不开手机了。

打电话给父母的时候开始叮嘱他们要注意身体健康，觉得有时候自己反倒像个大人，父母像你的孩子。

衣服可能不会很多，但是一定都很体面。

大学时代三件事：翘课、挂科、谈朋友，缺一件抱憾终生。

看到很小的小宝宝的时候会觉得童年真美好。

真心的朋友越来越少……

通　病

近视；

月光族；

网购控；

喜欢钱；

不喜欢运动；

一日三餐没有规律；

有一颗很宅很宅的心；

做事情都是三分钟热度；

经常午夜 12 点以后才睡觉；

对熟人唠叨不休，对陌生人一言不发；

最常说的一句话是“无聊”；

不问问题，相信百度和谷歌的权威；

习惯说 OK（是的）；

不一定知道自己的血型，但一定知道自己的星座；

饭后不爱洗碗；

QQ 上线隐身；

看电脑一定登录 QQ；

通常最挂念的是手机和电脑；

喜欢照镜子。

没有三条以上你就是神了。

亲，你占了几条?

口 号

这些口号，在那个天真无邪的年代，是我们成长留下的脚印：

好好学习，天天向上。

车、车，我不怕，我跟车车打一架。

头可断，发型不能乱；血可流，皮鞋不能不擦油；钱可抛，朋友不能不交。

因为所以自然有理，天文地理化学物理，请不要多此一举。

春眠不觉晓，处处蚊子咬，打上敌敌畏，不知死多少。

小皮球，架脚踢，马连开花二十一，二五六，二五七，二八二九三十一，三五六，三五七，三八三九四十一……

别跟我装，小心你受伤；别跟我臭美，小心你后悔。

拉钩上吊，一百年不许变。

高楼高，高楼高，高楼底下卖元宵；元宵圆，元宵圆，元宵不圆不要钱。

天涯何处无芳草，为何偏往咱班找，本班数量就不多，何况质量又不好。

小河流水哗啦啦，我和姐姐采棉花；姐姐采了一大把，妹妹采了一小把；姐姐得了个大红花，妹妹得了个洋娃娃；洋娃娃去上学，学学学文化，化画画图画，图图图书馆，馆管管不着，着着着大火，火火火车头，头头小老头……

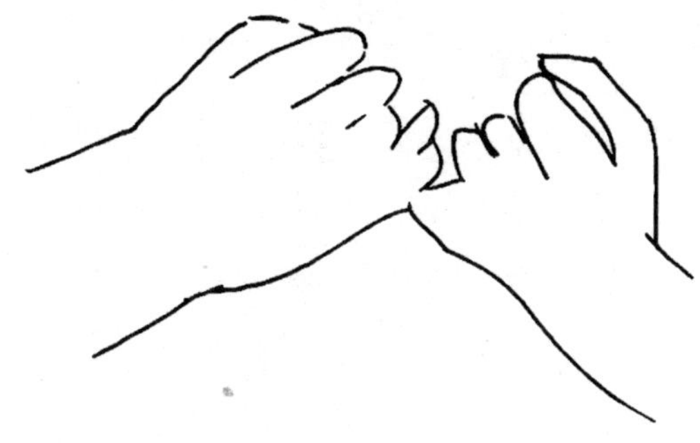

本命年

当我们读小学时，读大学不要钱；

当我们读大学时，读小学不要钱；

当我们还没工作时，工作是分配的；

当我们可以工作时，挤破头才勉强找到一份工作；

当我们不能挣钱时，房子是分配的；

当我们能挣钱时，发现房子已经买不起了；

当我们没有进入股市时，傻瓜都在挣钱；

当我们兴冲冲闯进去时，才发现自己变成了傻瓜；

当我们不到结婚年纪时，骑单车就能娶媳妇；

当我们到了结婚年纪时，没有汽车洋房娶不了媳妇；

当我们没有找对象时，姑娘是讲心的；

当我们找对象时，姑娘是讲金的；

当我们没找工作时，小学生都可以当领导；

当我们开始找工作时，大学生也只能扫厕所；

当我们没生娃的时候，别人是可以生一串的；

当我们要生娃的时候，一个都不能多。

我们就是这一代人。

当童年结束以后，我们就进入了悲惨的世界，年年都是本命年。

越来越……

世界越来越大了，梦想越来越少了；
社会越来越快了，机会越来越少了；
金钱越来越多了，幸福越来越少了；
营养越来越多了，健康越来越少了；
知识越来越多了，智慧越来越少了；
流行越来越多了，时尚越来越少了；
年龄越来越大了，笑容越来越少了；
剩女越来越多了，淑女越来越少了；
喧嚣越来越多了，安静越来越少了；
故事越来越多了，感动越来越少了；
离婚越来越多了，结婚越来越少了；
性福越来越多了，真爱越来越少了；
肚子越来越大了，脑子越来越小了；
胆子越来越大了，胸怀越来越小了；
日子越来越好了，良心越来越少了；
下班越来越早了，睡眠越来越少了；
楼房越来越高了，天空越来越小了；
房子越来越大了，心眼越来越小了；
工资越来越高了，存款越来越少了；
熟人越来越多了，朋友越来越少了。

战　争

工业革命的号角吹响以来，战争就从未停息过。

这是一场关于道德的战争，

也是一场关于金钱的战争；

这是一场关于生存的战争，

也是一场关于毁灭的战争。

而我们，

在不知何时，也进入了彼此无法认同的人心战争。

每一代人都用尽了各种方式想与下一代人撇开关系，证明自己的伟大，并拉开架势一战到底。

在网络中，在现实里，

60 后、70 后、80 后、90 后都在参战。

可异常激烈的战争似乎没有胜利者，

因为时间才是最后的赢家。

狭隘的东西才最具凝聚力，罪恶才能带给愚昧的人快感。

放下无知，让战争停息吧！

留 恋

留恋，是为了让我们勇往直前！

中国新生代的我们，有两个时代最幸福：童年与大学。

所以，我们还得抬起头、唱起歌，一路向前走！

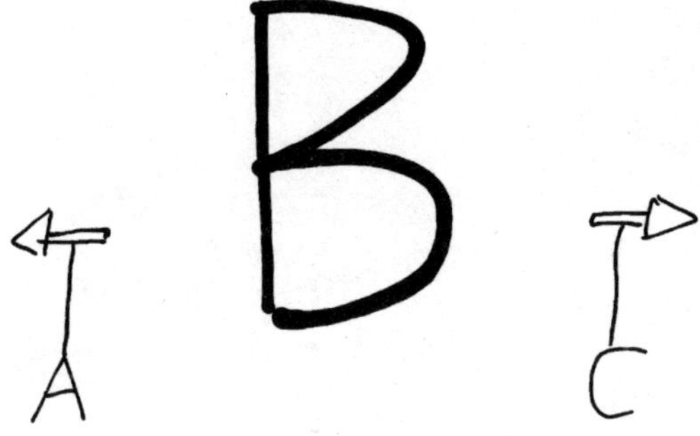

池塘边的榕树上，
知了在声声叫着夏天……

共鸣

用心去聆听

工作·人生的第一大事

用心工作

世界上最有成就的人都是用心的人，机遇也时时刻刻眷顾他们。认真是一种态度，也是一种可怕的力量。但凡一个人开始真正地认真起来，困难和障碍都会逐步减少，而成功的概率就会不断增加。

当中国新生代面临的选择越来越多的时候，人就会变得越来越矛盾、迷茫，甚至纠结。于是，我们开始不停地受到各种各样的干扰。

例如，我们开车的时候，打开音响，回到家里，打开电视，关掉电视以后，又会打开电脑、手机。整个人长期处于不安的状态之中，我们很少给自己安静下来去思考的时间，成长总是很有限，活得太累。

然而，自然界中的一棵古树为何能屹立在大地之上千百年，历经风霜雨雪，阅尽人间冷暖。是因为从小树苗开始它就很认真地重视自身的成长，树根拼命地向下生长，能去吸收更多的养分，树干拼命地向上生长，能去接受更多的阳光。

人应该要像古树一样活着，拒绝脆弱。爱上过程，结果自然会来！

用时间去积累，用信念去洗礼，用学习去改变，用行动去创造，用一生去成长。

美国知名民调机构盖洛普曾发布的“员工敬业度和工作环境研究”报告称，中国的敬业员工比例仅为6%，远低于13%的全球平均水平，处于世界最差水平。

我们是否应该为此感到惭愧？中国五千年文明在我们现代人的身上留下了怎样的烙印，值得我们去思考。

工作是人生的第一大事，工作的质量决定了生活的质量。只有用心工作的人，才有权利享受生活。

中国式管理

对于现代中国的管理者而言，有两个时间节点至关重要：一是西方的第一次工业革命以来，距今近300年；二是中国的改革开放，已经走过了30多年。这两次伟大变革都开启了人类社会经由农业文明走向工业文明的新时代，具有里程碑式的参考价值。

在中国30多年的改革开放进程中，“made in china”（中国制造）为中国的经济腾飞、为整个世界经济的发展做出了巨大贡献。作为伴随着改革开放成长起来的中国新生代，大部分人参与了由西部到东部、由农村到城市的迁徙之路，走进了不同企业、工厂进行蜕变和成长。

然而，中国的企业在发展过程中一直面临两大难题：企业管理缺乏规范化与从业人员缺乏职业化，这也是中国企业经由经验型管理走向职业型管理的必经之路，加之中国企业中家族意识强烈，裙带关系复杂，人力成本居高不下，更令中国的企业管理事业雪上加霜。

现实中，中国的很多企业在管理上处于“拿来主义”“全盘西化”与“水土不服”的尴尬境地，殊不知在西方管理发展史上，已经历了三次管理革命。第一次是1911年泰勒先生的科学管理，第二次是20世纪50年代梅奥先生的行为管理，第三次是20世纪90年代圣吉先生的心智管理，而放眼当下的中国企业，管理模式花样百出，形神不一，既忽略了管理中的科学性，又缺乏企业文化的创造性，面对中国新生代的管理更是不知所措。

21世纪企业管理的核心是对于知识员工的管理，只有优秀的人才机制才能有效推动企业发展，因为人才是企业的核心。

因此，必须结合中国传统文化，建立中国式管理模式。中国式管理，有三点不可以忽略：一是中国传统文化的平衡与和谐之道，二是人性中的不自信因素或面子问题，三是要在西方管理学的基础上融合中国哲学去创新。理解与信任尤为重要，管理不是对抗，而是为了更好地融入。

所谓管理团队，就是管理人，管理人的根本就是管理他们的心。鼓不干预五音，却能作五音的统帅。对于团队成员心态的平衡，心智的建设，心本的管理，这是基础性和根本性的管理工作。解决好基层员工的态度问题，使其更优秀；解决好中层管理者的思想问题，使其不断优化；解决好高层领导的价值观问题，使其成为榜样。这是建设性和创造性的管理工作。

员工是一面镜子，领导是一面旗帜！

不管是60后、70后，还是80后、90后，都有责任把好的精神和文化传承下来；年青一代就更要虚心进取，奋发图强，让我们自身强大，把我们的国家和民族建设得更加美好！

才能与感受

管理——管的是下属的才能，理的是下属的感受。

管理的根本是要学会跟下属建立心灵的沟通，只有统一思想，才能行动一致，才能达成目标。西方人喜欢用脑，中国人喜欢用心。人是有感情的动物，用对待机器的态度对待人，这是管理上最大的误区。管理者要学会用价值观去影响下属，用思想去引导下属，用情感去打动下属，同时，也要学会“三心二意”，不断提升和修炼自己。何为三心？即管理者学会关心，下属就会开心；管理者需要谈心，下属才愿交心；管理者具备耐心，下属就会用心。何为二意？即管理者不断学习，产生新意；不断思考，产生创意。如此这般，管理工作就是一件轻松且快乐的事情。

企业的累，归根结底是人的累；企业的困顿，归根结底是人的困顿；企业的失败，归根结底是人的失败。企业出了重大问题，重要的不是听管理层在说什么，而是去看看员工在做什么。问题的根源往往隐藏于此。

作为50后、60后、70后的前辈们，我们需要耐心，更需要发挥榜样的力量。我们时常焦虑，却希望80、90后面对压力能够淡定；我们不爱学习，却要求80、90后热爱学习；我们经常发脾气，却要求80、90后凡事讲道理。

管理者的职责不是每天凡事都亲力亲为，而是锻炼下属、培养下属、建设团队。中国的管理不是输在智慧上，而是败在胸怀上！

但必须补充一点：企业的人性化一定是建立在成熟且完善的管理制度之上的，用企业文化做战略，用科学的规则做战术。不要总是倡导提意见，而是要引导提建议，否则越人性化，企业要承担的风险就越大！

角色与位置

人活着，总会在不断地变换自己的角色，寻找自己的位置。

小时候，我们是父母的孩子，需要呵护。

上学时，我们是老师的学生，需要知识。

工作后，我们是领导的下属，需要进步。

摆正自己的位置，扮好自己的角色，是别人能给予和帮助你的前提，“在其位，谋其职，尽其责”，角色对了，位置准了，我们就能更好更快地发展、壮大。反之，我们很容易迷失自己，尤其是在工作岗位上。

“习惯 > 能力 > 学历”，有的人一辈子都找不准自己的角色和位置，所以工作糟糕，生活无趣，人生暗淡！

心态与能力

在职场中，很多人会问：能力与心态哪一个更重要？能力与心态哪一个更容易获得？

答案都是心态！

因为心态是能力提升的前提，也是获得成功的必要条件。

有人路过一个工地，见到三个石匠正在干活，便走上前去问。请问你们在做什么呢？

第一个石匠回答："做这个又累又没出息的活，太倒霉了。"

第二个石匠回答："我在做石匠工作，虽然辛苦，但可以养家糊口。"

"那你呢？"路人问第三个石匠。

"一个伟大的教堂就要在这里诞生了，它的很多石块都是我精心雕刻的，我为这份事业感到骄傲！"

人无论做什么，处于何种境地，一定不能缺少的就是一个良好的心态，心态好，运气才会好！

快乐是快乐的理由，痛苦是痛苦的坟墓。

当一个人拥有了良好的心态，能力和财富一定会如影随形。因为快乐并不来自成功，与之相反，是快乐导致了成功。

付出与收获

人生的本质不在于索取，而在于奋斗。

有一棵大榕树每年都会诞下成千上万的儿女，每一个都是小小的榕树种子。

有一颗小种子抬头对榕树妈妈说："妈妈，我怎么样才能变成像你一样的大榕树呢?"

"孩子，"榕树妈妈慈爱地说，"很简单的，你只需要把自己完全埋进泥土里就可以了。"

小种子听后，心想：把自己完全埋进泥土里？里面这么黑暗和残酷，万一再也看不到外面的阳光怎么办？不过妈妈这么说，应该也有道理。

于是它想了个很聪明的办法：它把自己一半埋在泥土里，另一半露在泥土外面，这不是一个最安全的办法吗?小种子沾沾自喜地想。

可一个月过去了，这颗小种子并没有长成大树，它和千千万万的兄弟姐妹一样腐烂了，最终变成了泥土。

看到这个情形，榕树妈妈叹了一口气："唉！我每年都会有千千万万的儿女来到这个世界上，可它们之中只有那么两三个有勇气把自己完全埋进泥土里，只有它们能长成大树。”

树木向阳，人心向善；树木向上，人心向美。回首，我们做过很多只付出一半的事情，从学习到感情，从生活到工作，我们以为那样会安全，可结果都会化作一个个人生的遗憾。

活着，不要让贪得无厌的心时常控制着自己，否则，伴随我们一生的只有痛楚和失败。

压力与考验

人生真正的财富是什么?

我的答案是苦难!苦难有两层意思:一是能吃苦,尤其是精神压力的苦;二是能给自己遇到压力和困难的机会,同时能接受考验,解决困难。

每个人都是在不断遇到问题、解决问题中成长起来的,所以压力与考验是我们人生进步的阶梯。

若把人生比作一场百米赛跑,风华正茂的我们才刚刚起跑。作为“农二代”“工二代”的我们没有强力的助跑器,没有舒适的“李宁”“耐克”。于是,暂时屈居人后,但这才仅仅二十米,还有八十米的人生让我们去追赶。

问题与答案

只要活着，问题就会一个接一个地在我们生活中上演。

吃什么？穿什么？玩什么？

几点起？几点睡？几点走？

你爱谁？谁爱你？爱着谁？

……

大多数人找借口的能力都会超过找方法的能力，所以问题总是干扰着自己。

问题是老师，问题来了，老师来了。

一个人每一步的成长，都是问题赋予你前进的力量。学问——学是为了问，问是为了创新。每个人都是在问题面前认识了自己，更是在解决问题中不断地成长！

学会用放大镜去发现别人身上的优点——聪明。

学会用缩小镜去包容别人身上的缺点——智慧。

有研究机构称：一个人每天要想近 5 万个问题，但是有 96% 都是毫无意义的，或者是无意识的问题。

其实人一生有三个问题必须要知道：我是谁？从哪里来？到哪里去？

其实人一天有三个问题必须要清楚：我们在追求什么？我

们最想得到什么？我们正在失去什么？

世有疑惑，必要发问！

问题即答案。

热情与责任

有位中年人觉得自己的日子过得非常沉重，生活压力太大，想要寻求解脱的方法，因此去向一位禅师求教。

禅师给了他一个篓子要他背在肩上，指着前方一条坎坷的道路说："每当你向前走一步，就弯下腰来捡一颗石子放到篓子里，然后看看会有什么感受。"

中年人就照着禅师的指示去做，他背上的篓子装满石头后，禅师问他这一路走来有什么感受。

他回答说："感到越走越沉重。"禅师于是说："每一个人来到这个世上时，都背负着一个空篓子。我们每往前走一 步就会从这个世界上捡一样东西放进去，因此才会有越来越累的感慨。"

中年人又问："那么有什么方法可以减轻人生的重负呢?"禅师反问他说："你是否愿意将名声、财富、家庭、事业、朋友拿出来舍弃呢?"那人答不上来。禅师又说："每个人的篓子里所装的，都是自己从这个世上寻求来的东西，一旦拥有它，就对它负有责任。"

一个人不可以十全十美，但是责任心可以让我们变得尽善尽美。就如同托尔斯泰所言——一个人若是没有热情，他将一事无成，而热情的基点正是责任心。

主动＝快乐，被动＝痛苦，剩下的你自己去选择!

生活·是一首交响曲

快乐生活

人一生最终的追求是幸福和快乐。

真正的幸福和快乐是源自内心的，是物质与精神的平衡，内在世界与外在世界的和谐，以一种平和、简单、自然的心境去拥抱周围的一切，那份愉悦和恬淡是无可替代。

中国新生代所处的环境让他们从小就开始享受着快乐的滋味，不论是精神层面多个长辈制造的“溺爱病毒”，还是在物质层面以金钱方式换取的“听话宝宝”，都不是他们想要的快乐，因为以物质换取的快乐都是短暂且有期限的，无法储存太久，所以很多人都在怀疑自己的童年是不是快乐的！

物质的日益丰盈，会让人对于快乐的口感越来越重，欲望不断膨胀，人性出现扭曲，价值观出现偏离，最终导致欲壑难填，这也就不难理解为什么现代人越长大越不快乐了。

有一位哲人曾经说过：“心若改变，你的态度跟着改变；

态度改变，你的习惯跟着改变；习惯改变，你的性格跟着改变；性格改变，你的人生跟着改变。”

生活本来是美好的，是我们把它过痛苦了。只要你肯卸下欲望，一个人安安静静的，再来一点点美好的想象，快乐竟然真的就出现了。放松心情去生活，你就会快乐！

世界上没有真正不快乐的人，只有不肯快乐的心！

别仰望别人，你就是风景。

中国式幽默

中国人也是幽默的，我们把幽默融入了生活。

中国人打招呼不喜欢说“嗨”或者“嗯哼”，喜欢说“吃了吗”，有时候是不分场合的。

中国人偏静一些，这是由中国的文化基因决定的，所以中国人的幽默比较内敛，发人深省，不落俗套，有些慢热。比如《滑稽列传》（出自《史记》卷一百二十六，列传第六十六），专门为幽默写传，不正是为中国式幽默代言嘛。

幽默不是油腔滑调，也不是嘲笑或讽刺。正如有位名人所言：心浮气躁难以幽默，装腔作势难以幽默，钻牛角尖难以幽默，捉襟见肘难以幽默，迟钝笨拙难以幽默，只有从容大度、平等待人、超脱世俗、游刃有余、聪明透彻才能幽默。

现代人很渴望西方人的幽默方式，直接、简单、有恶搞的成分，喜欢捉弄对方，取悦大众，往往会把自己的快乐建立在别人的痛苦之上。比如，4 月 1 日的愚人节，这一天，不分男女老幼，可以互开玩笑、互相愚弄欺骗以换得娱乐。年青一代人都很喜欢这个节日，其实它有点像幽默节。如果愚弄别人的结果是皆大欢喜是极好的，但要是翻了脸，那就大杀风景了。

幽默是一种人生智慧，它能融化尴尬，化解矛盾。一句玩笑，足以看出一个人的生活态度。所以幽默不是低级趣味，而是内涵高雅。

不懂得开玩笑的人，是没有希望的人。

感 觉

中国人是很难知道“感觉”是什么的。

所以，我们与别人相处的时候，就会很容易生气，常常会因小事而愤怒。

于是，我们就会看到中国的夫妻之间最喜欢搞的“战争”——冷战。

我们没感觉，所以我们没感情，

我们不知足，所以我们感觉不幸福！

所以佛家说：“一念之间，天堂和地狱。”

只要感觉美好，每天都生活在幸福里。

冷　漠

不知道从何时开始，
我们集体喜欢上了孤独。
一个人的世界，有互联网就行。
不知道从何时开始，
我们拒绝了交流，
一登上 QQ，直接隐身状态。
也不记得从何时开始，
妈妈告诉我们，
不要和陌生人说话。
最后，曾经的满腔热忱，
换回了一地冷漠！

玩　儿

人这辈子要有点玩的精神，一认真你就输了。

——于谦

看到这句话，颇有感触，不由得让我想起了小学时候发生的一件事。

小学语文老师向学生提问：你们的理想是什么？大家可以畅所欲言，然后同学们要一个一个地回答。什么样的理想都有，有的天马行空，有的朴实简单，语文老师都一一给予肯定、鼓励一番。当问到一个女同学的时候，她斩钉截铁地说：吃喝玩乐！全班同学顿时笑开了锅，老师很生气，非常严肃地批评了这个女同学，并让她做深刻反省，还告诫她：以后做什么事情，都要认真点儿！

当时我就想不明白，既然畅所欲言，老师为什么很生气？吃喝玩乐——“吃”是可以的，不然会饿死；“喝”是可以的，不然会渴死；“乐”也是可以的，不然会闷死；哦，原来唯有“玩”是不可以的，老师们说了，玩物丧志，玩人丧德，玩是不能算作理想的。

可不会玩儿——也会无聊死的！

富裕了

30 年，我们富裕了，

我们学会了穿金戴银。

30 年，我们富裕了，

我们拥有了汽车豪宅。

30 年，我们富裕了，

我们吃出了一身丰满。

30 年，我们依然一贫如洗。

其实，我们穷怕了，所以开始任性，拼命地往身上挂满了富裕的符号，恨不得还要挂上一个小牌儿：上面用世界通用文字写上——我是有钱人！

中国前 30 年发展物质文明，后 30 年一定要发展精神文明。

隐约而不慑，安乐而不奢，勋劳而不变，喜怒而有度 ，这才是真正的富裕！

穷人与富人

“东莞千分一公益服务中心”助学团队创始人坤叔说：“没有人富得不需要别人的帮助，也没有人穷到帮助不了别人。”——他八十回跋山涉水，二十载风雨兼程，两千孩子一个爹！

坤叔是富人里的穷人，也是穷人里的富人。

一个人能力的高低，是在面临问题的时候；

一个人品行的优劣，是在面临选择的时候；

一个人胸怀的大小，是在面临得失的时候。

生活在这个时代的我们，有钱人越来越多，但能像坤叔这样真正富裕起来的人越来越少，他用自己的默默奉献让人性平等。

一个人物质的贫穷并不可怕，一个人精神的富有才是真正的富裕，当我们的灵魂变得高贵的时候，中国才会有真正的上流社会。

流行与时尚

这个时代，一点儿都不缺少流行，流行音乐满街跑，娱乐节目全恶搞。

大家似乎每一天都在拼命地寻找跟别人不一样的东西，却跟着“他好，我也好”一起流行。

其实现代人是不缺少流行气质的，恰恰缺少的是时尚智慧。不是大家好，才是真的好，是真正适合自己的才会好。

因为华丽外表下的虚伪，会让一个人变得更丑陋，流行不一定时尚，时尚一定会流行。

流行会让人失去理智，时尚会让人产生思想。

金钱只能装点外表，思想才是一个人的灵魂，让你的灵魂舞动吧，那才是真正的时尚流行。

鸡毛与蒜皮

活着，整天都是鸡毛与蒜皮的事儿！

鸡是鸡，毛是毛；蒜是蒜，皮是皮。没有毛就没有鸡，没有皮就没有蒜。鸡毛不是鸡，蒜皮不是蒜。

大部分人是分不清楚鸡毛与蒜皮的。夫妻吵架了，为的都是鸡毛与蒜皮；喜怒哀乐苦，鸡毛与蒜皮；就连生老病死，不也就是鸡毛与蒜皮嘛！

人在问题面前，往往习惯性地会把事情无限放大。于是，我们像背负着一座座大山在泥泞里蹒跚，本来没有什么大不了，却常常深陷其中不能自拔。我们恐惧，抱怨，不敢向前。

所以活着，管好三件事很重要！

一是口，要说欢喜的话、真实的话、谦虚的话、利人的话。

二是色，要露怡颜悦色，要会察言观色，不要静言令色，切勿贪财好色。

三是心，要有你我一如的心、圣凡一致的心、包容一切的心、普利一切的心。

家庭·心灵的港湾

幸福家庭

我们这一代人的记忆里都会有一首歌——《我想有个家》。

我想要有个家
一个不需要华丽的地方
在我疲倦的时候我会想到它
我想要有个家
一个不需要多大的地方
在我受惊吓的时候我才不会害怕
谁不会想要家
可是就有人没有它
脸上流着眼泪只能自己轻轻擦
我好羡慕他
受伤后可以回家

而我只能孤单地孤单地寻找我的家……

这首歌现在听听，除了熟悉的旋律，还会有些感伤。当蜗居成为我们街谈巷议、饭后闲聊的“谈资”，当我们自己成为蚁族，我们心灵港湾漂泊的小舟会随风飘荡吗?

贫穷不是一种病，它是历练一个人最快捷而极端的方法。只要我们不放弃自己，没有人有权利可以放弃我们。

生活本应该简单，我们不幸福，是我们自己把生活搞复杂了。

一个人只有学会爱自己，才能爱家人，才能爱朋友、同事、领导、企业、单位，才能爱这个社会，爱这个国家和这个民族。

家是每一个人心灵的港湾，不管是国家、大家还是小家，有爱才有家。

中国式教育

教育的本质在于培养人独立的思想及人格，从常识性角度出发，继承和传播优质文化，循序渐进地开发人的智力，锻炼人的能力，从而树立正确的价值观、人生观和世界观。

教育是社会之公器，它是一个民族最根本的事业。如果教育失败了，这个民族的根基就开始产生动摇，事不关己，人不爱人，人就失去了灵魂。因此，教育的发展是需要结合人性、民族性与科学性的，不可本末倒置，更不能急于求成，脱离实际的教育体制会严重影响人的全面发展。

中国的有些年轻人很重视两样东西：一是学历，二是出身。在日常人际交往中，这两样东西成为了很多人炫耀和自信的资本。

那什么是学历——你学会多少比你学了多少重要，你什么经历比你什么来历重要。

那什么是出身——每个中国人往前推三代，大家都一样是农民。

但值得一提的是，这样的结果跟教育制度、社会环境与经济结构不合理有必然的关系，因为这十几年来大众不太尊重知识，而纯粹地爱上了金钱，导致中国知识型人才过剩而变得廉价。

一个外国学者的一段话是值得思考的——在中国人的眼中，受教育不是为了寻求真理或者改善生活质量，而只是身份和显赫地位的象征和标志。中国的知识分子从别人那里得到尊敬并不是因为他们为了别人的幸福做过什么，而只是因为他们占有了相当的知识。事实上，他们中的大多数只不过是一群仅仅通晓考试却从不关心真理和道德的食客。

大 学

80、90 后心智模式研究院研究员团队近年来调查了 1000 多名即将毕业的新生代大学生，问这些大学生大学四年在做什么。

很多人的回答干净利落：大一，玩；大二，爱；大三，睡觉；大四，无奈。

大学变成了“由你玩四年”。

于是，我们在感慨当代大学生坦诚的同时，不由想起《大学》：大学之道，在明明德，在亲民，在止于至善。知止而后有定，定而后能静，静而后能安，安而后能虑，虑而后能得。物有本末，事有终始，知所先后，则近道矣。古之欲明明德于天下者，先治其国，欲治其国者，先齐其家；欲齐其家者，先修其身；欲修其身者，先正其心；欲正其心者，先诚其意；欲诚其意者，先致其知，致知在格物。物格而后知至，知至而后意诚，意诚而后心正，心正而后身修，身修而后家齐，家齐而后国治，国治而后天下平。自天子以至于庶人，壹是皆以修身为本。其本乱而末治者，否矣。其所厚者薄，而其所薄者厚，未之有也。

此大学非彼大学也！

文　化

文化——学文以求变化。传道、授业，从解惑开始，才是师之道。

教育需要不断践行，文化需要人人敬畏，这才是文化和教育的根本。

教育也好，文化也罢，它是一个国家和民族的灵魂，出发点是一定要尊重人性、常识，要建立循序渐进的系统，改变人是一项非常难的工程，因为每个人都坚守着一个固有的标准不肯松手。看看现在这个多元化的时代，充斥我们周围的都是什么文化，西方文化、流行文化、低俗文化、色情文化、激素文化、成功文化……当这些文化成为主流，占据着越来越多的人的思想时，所谓的正义其实就是最大的无知。

一是作为老师，师德不可沦丧，言传身教是教学之根本。

二是作为学校，功利化不可强于教学研发，学术论文的质量不能发臭。

三是作为学生，思考力与能动性不可受到压制，学与用要平衡。

四是作为家长，家庭教育不可断链，是根基，它贯穿人生始终，需要不断夯实。

五是作为社会，激素文化不可根植于学校教育环境中，需要榜样的力量。

在这个知识爆炸和资讯泛滥的时代，

超脱于物质，凌驾于责任之上，能有几人？

批评很容易，甚至逃离，也不是那么难。

而对抗并坚持下去，需要的就不仅仅是勇气了。

智慧和信念，在这个过程当中缺一不可。

教育不是做产品，只需要复制。像流水线上生产产品一样培养学生，创新能力何在？浙江大学紫金港校区门口立着的一块石碑，上面刻着老校长竺可桢的一段话："诸位在校，有两个问题应该问问自己，第一，到浙大来做什么？第二，将来毕业后做什么样的人？"

家庭教育是根本，学校教育是延伸，社会教育是补充。当这三者失衡时，文化教育就失败了。

家庭教育

家庭教育在一个人的一生当中是至关重要的，我们大部分的行为习惯、心智模式和智力系统，大都源自于家庭教育，它是最基础、影响最深远的教育。

在中国社会的5000年文明进程中，中国的家庭教育靠的是口口相传，言传身教，善良的基因和爱的智慧就这样一代一代地传承下来。父母是什么样的人，在孩子的身上也投射着相似的基因。

家庭教育是真正的素质教育，所以每个孩子的童年生活很重要。父母在孩子的生活中担任着朋友、导师、家长的角色，其实家长的角色在家庭教育意义上是最小的。如果父母总是喜欢谈悲惨经历、拿权威、搞独裁、好干涉，孩子不但会性情不好，更危险的是会缺乏思考的能力，自主能动性比较差。

引导是最好的批评！

学会站在孩子的角度去思考，学会尊重和理解他们，不要揠苗助长，家庭教育的诸多难题就会很容易被化解。很多时候，不是孩子需要的不够，而是家长给予的太多，溺爱有毒。但事实上我们太多的时候都按照自己的行为习惯在与孩子相处，不知道孩子的感受和想法是什么。父母会不会教育小孩与爱不爱小孩是两个事实概念。中国的大多数人不喜欢说心里话给家人听，大家都爱得很沉重。成熟的爱是一个家庭最重要的元素。有时候父母的爱是孩子根本不愿意接纳的，被爱有时候也是不幸福的。

兴趣是最好的老师！

家长要学会尊重和培养孩子的爱好，不要把自己的兴趣班变成孩子的兴趣班，不要自己认为好就好，要学会听听孩子的感受。画画、音乐、书法、动漫、益智游戏、劳动、分享、感恩等都是小孩子灵性和潜能提升的通道。作为一个中国人，让孩子们熟悉经典的传统文化也很重要。

现在的孩子都很聪明，在全球知识一体化的背景下，家长不用担心孩子学得不够多，而是要注意他们学到的知识会不会发生消化不良的现象。不要过早开发孩子的智力，小时候更重要的是培养孩子的品德与性格，否则，早熟的孩子过早地承受了不属于这个年龄的压力，很容易走极端。这样的例子，在80、90后的身上也常有发生，尤其是在城市长大的孩子。

父母只要修炼好自己，孩子的家庭教育就没有问题。

爱 情

80、90后的爱情，注定不是一帆风顺的。

在这个改革开放时代下长大的我们，爱情观也不断地在改革与开放。

当爱情邂逅了金钱，爱情会一败涂地。越来越多的诱惑和选择教会了更多人不再那么痴情和专注，似乎痴情就会变成傻子。

于是，分手、离婚成了大家终结爱情的唯一方式，而且逐渐愈演愈烈直到成为流行。

没有哪一代人像我们80、90后一样受到过如此多的价值观的影响，我们总是很矛盾又渴望不矛盾。

爱情是人生的必修课，它会让人变得成熟、稳重。

一个连自己老婆都不爱的男人，算不上好男人。

一个不能与老公同甘共苦的女人，不会是好女人。

男人总会为心爱的女人奋斗，女人总是为心爱的男人活着。

80、90后的我们，惜缘感恩，把爱情进行到底！

丈母娘

在现代中国，丈母娘的地位是崇高的。

于是，小 A 明白一个道理，在他和小 C 的爱情上，有一个人很牛。没有丈母娘参与的婚姻，算不上婚姻。

于是，丈母娘有话说：一等女婿有车有房，二等女婿有车有房有房贷，三等女婿只有房贷。小 A，那么你是哪种？

小 A：……

于是，丈母娘有话说：我只希望找一等女婿，二等只能说将就，三等基本不考虑。

小 A：……

结果，丈母娘显然有些不耐烦了：小 A，你到底是哪一等？

小 A：阿姨，车子房子都会有，我是还得等一等！

背 影

每个人的背影里，都埋藏着一个故事。

在恋人离别时，背影里满是不舍、回忆；

在友人告别时，背影里满是祝福、鼓励；

在亲人离开时，背影里满是牵挂、离愁；

在小孩出生时，背影里满是期待、欣喜。

离别，总是让背影消失在记忆里，

有人欢声笑语，有人默默而泣，也有人相拥把话别。

一个背影，一串记忆，一段期许。

老人·孩子与狗

不知从何时起，狗成为了这个时代不可或缺的一道风景，不论是在乡村还是在城市，到处都有。

狗没有从前那么凶恶，见到权势之人，会摇尾巴讨好，遇到潦倒之辈，则有些目中无人，“汪汪”几声以长自己气势，灭他人威风。

于是，狗越来越多，人与狗的距离也越来越近。随之而来的也是狗的地位越来越高，高到和儿子没有什么区别了。

老Z是一个爱狗之人，他喜欢狗的忠诚、善良与勤劳，可现在的狗总让他觉得有些不劳而获，没有一点吃苦精神，而且还很贪婪。

老Z养的是哈巴狗，据说哈巴狗最早是中国宫廷狗，也就是皇帝的宠物。在闲暇之余，老Z最喜欢的是小哈巴狗摇着尾巴撒着欢儿陪自己玩，讨人喜欢胜过孙子的调皮捣蛋。

有人说：中国人养宠物狗是奴性的表现，外国人养宠物狗是自由的表现。老Z不以为然，不管怎样，他一直坚信：人是人，狗是狗，人不能变成狗，狗也成不了人。

其实，老Z爱狗，老Z更爱着孙子。

事业·为一大事来

事业有成

马斯洛先生将人的需求从下至上划分为 5 个层次，依次为生理需求、安全需求、社交需求、尊重需求和自我实现需求。

一个人如果物质没有保证，他就缺乏安全感，习惯自我封闭，不愿去认识和结交更多的人，自己会变得自卑，不尊重别人，也不尊重自己，于是，人生长漫漫，难以自我实现。

中国新生代作为当代社会的新生力量，被赋予了更多的责任。每一个时代的年轻人，都肩负着这个国家与民族的希望，一代代这样走过来，才积淀着中华的 5000 年文明。一步一个脚印的精神，对于 80、90 后很重要。在这个浮躁的时代，能静下心来思考的人都充满了智慧。

因为我们年轻，所以付出与索求常常会形成矛盾，左右我们的未来。一个年轻人如果不劳而获就非常有钱，那是一件可怕的事情，如果加上能力和道德还不够好，那就是一件危险的事情。

我们有太多的选择，每一次的选择都是一个阶梯，都必须充满智慧。作为年轻人，不要总是想着外发，要给自己内求的时间。动以养身，静以养心。工作需要动起来，动能生智；生活需要静下来，静能生慧。

其实每个人离成功只有一步，那就是勤奋，上天只会眷顾勤劳与勤奋的人！

中国式发展

中国人是智慧的!

30多年改革开放以来，我们取得的成绩足以说明一切。

中国人是自私的!

想要拥抱整个世界，我们需要更大的视角和胸怀。

30多年来，我们一路高歌猛进，但是现在的我们必须认真地审视走过的路。物质文明与精神文明的失衡，传统文化与现代文明的脱节，富裕与贫穷的矛盾，环境问题与可持续发展，中国东部与西部的交流互助，人口红利逐渐褪去以后，还有中国的教育……都值得国人去思考。

有多少人在思考中国的未来?

80、90后算得上是其中的佼佼者。他们不再以赚钱为主要生存目标，而是多了一份历史责任感与探索的精神。

察其始而本无生。

所以一个人也好，一个国家也好，一个民族也好，在成长和发展的过程中都是会犯错误的。但是要看犯了错误之后有没有改正的能力，如果有，是值得庆幸的，也是有希望和未来的。

中国梦，所有中国人的梦!

金 钱

这是一个“钱的时代”，哈佛大学教授迈克尔·桑德尔说：“我们生活的时代，似乎一切都可以拿来买卖。这种买卖逻辑不仅应用于商品上，而且正逐渐掌控着我们的生活。该是时候扪心自问，我们是否想要这样的生活？”

在这个世界上，很多东西是钱买不到的，只是时至今日，这样的东西没多少了。

排队本是人类进步史上文明的体现，有钱就可以不排队吗？飞机头等舱 VIP（贵宾）通道说“可以”，三级甲等医院的票贩子说“可以”，就连生孩子都可以通过剖宫产插个队……

“当钱能买到一切的时候，有钱就变成最重要的事。”于是，我们都一切向钱看，金钱成为了成功的标准与自信的象征，我们爱上奢侈品，脸上、脖子上、耳朵上、手上、脚上、屁股下面，到处贴上了成功的标志。

管子曰：仓廪实而知礼节，衣食足而知荣辱。民不足而可治者，自古及今，未之尝闻。

天下熙熙皆为利来，天下攘攘皆为利往。

美 女

小S有一个秘密，一见到美女就会不停地吞口水。

大学时比较严重，最严重的是刚工作那会儿，时常口干舌燥，内心也不免有些烦躁。

吞得多了，小S开始有些反胃，再仔细看看很多所谓的美女，总感觉她们缺少点什么。

常常想这个问题，小S竟然就忘记了吞口水。

其实人啊，不管你是好习惯还是坏习惯，突然不习惯自己了就很别扭。

小S一心想找到不习惯的原因。

就拿办公室的梦琪来说，人长得很精致，也很喜欢打扮，

小S第一次见到她的时候就费了一番口水。

可看着看着，就顶不上打扫卫生的大妈感觉好！

大妈亲切，纯真，干干净净，尤其是那精神头儿特好。

爱美之心，人皆有之。

但人不能缺少灵魂，

一个人最美的时候：真实，简单，放松，还要有爱。

人，最美是灵魂！

成　长

没有家庭的和谐，人生不健康，这是素质；

没有学校的教育，人生不成长，这是文化；

没有企业的培养，人生不发展，这是能力。

家庭教育、学校培养与企业管理是当代社会发展最根本和最重要的三件大事，因为它贯穿人生始终。

眼 泪

流泪，不是我脆弱，而是我感受到了力量，一种重生的力量。

流泪，不是我失败，而是我已经学会了眼睛里可以融进沙子。

每个人都是天才，但现实要给他一个相信的理由。

我们这一代人，早已学会了含着眼泪在奔跑。

朋　友

小时候，交真心知己的朋友；

上学后，交品学兼优的朋友；

工作后，交各种各样的朋友。

看一个人怎么样，看他周围有什么样的朋友就知道了。

一个成功的人，总是需要交各种不同类型的朋友。朋友是一面镜子，可以帮助我们完善自己，有的朋友也会成为一个染缸。

人呐！长了颗《红楼梦》的心，却生活在《水浒传》的世界里；想交些《三国演义》里的桃园弟兄，却总遇些《西游记》里的妖魔鬼怪……别说你认识多少人，就看你有困难时还有多少人认识你。

君子和而不同，小人同而不和。真正的关系都在虚实之间，褪去利益，知心朋友永远不变。

人际关系

以80、90后为代表的中国新生代是从熟人社会进入生人社会的一代人，人际关系在他们身上留下了新的历史烙印。

他们渴望被关注又拒绝复杂的人际交往，宅男宅女的出现是一个时代的必然。

中国人凡事喜欢讲人情世故，风俗节日就变得热闹许多，也是增强感情的纽带，在80、90后小时候还是记忆犹新的。而随着社会的进一步发展，这种关系网发展成为了饭局、圈子、聚会等概念。

手机取代了信件，沟通越来越少了；时空的距离越来越近了，心灵的距离越来越远了。

似乎人的情感被忙碌的事情绑架了，“礼轻情意重”的人际交往智慧在今天显得有些无能为力，因为在各种广告的轰炸下，我们不得不用金钱来维系感情，似乎会取得短暂的效果，但是众人的心却越来越孤独。

人本是群居动物，我们要跟周围的人交往才快乐，不要总是把自己反锁起来，我们的心失去了自由，我们就成了生活的奴隶。

父母、亲人、朋友……是我们生命里最宝贵的财富，不要让他们成了我们最熟悉的陌生人！

懒惰与勤奋

小时候，老师告诉我们：每个人的体内都有两个小人，他们的名字分别叫懒惰与勤奋，当你犹豫不决时他们就会打架。小学时勤奋小人经常把懒惰小人打得落花流水，中学时他们就打成平手了，可是到了大学时，忽然发现他们不再打架了，原来勤奋小人被懒惰小人活活地打死了！

人生·就是一场修行

人生美好

人生就是一场修行。是非任人说，功过盖棺论。

人生是短暂而绚丽的，成功是物质和精神的，幸福是轻灵且自然的。如果一个人的眼里都是名利，他必定自私自利；如果一个人的心里都是欲望，他必定大失所望。

人生的美好来自个人的价值系统，幸福的根源在于个人合理地控制自己的欲望。真正的快乐是源自内心的愉悦，任何建立在物质上的快乐都是很短暂的，它会被新一轮的欲望取代，进而开始新的痛苦。贪念不休，痛苦不止。

人生有四乐，贫贱之时，苦中作乐；寂寞之际，自得其乐；生活之中，知足常乐；富贵之余，助人为乐。

人生有三个基本错误不能犯，一是德薄而位尊，二是智小而谋大，三是力小而任重。

人生真正的目的是成为一个有品质、有价值、对这个世界有贡献的人，我们应该为此而奋斗，才不枉此生的修行。

中国式智慧

中国的智慧是儒释道！

儒：格物，致知，诚意，正心，修身，齐家，治国，平天下。

释：布施、持戒、忍辱、精进、禅定 、般若。

道：道生一，一生二，二生三，三生万物，万物负阴而抱阳，冲气以为和。

今 天

一天，24 小时，1440 分钟，86400 秒。

一天在我们每个人的一生之中是短暂的，但每一天又是最重要的。今天最重要的是什么？不是轻轻地你走了，正如你轻轻地来，而是“今天”能带给你一点什么，更重要的是你能从“今天”这里带走什么。

生命最宝贵之处，并不在它的长度，而在它的广度和深度。如果我们能很精彩地过好每一分钟，那么这些分钟的总和，也必定精彩。

人生导师

成长总伴随着烦恼和迷茫，每个人都应该有一个属于自己的人生导师。或家人，或朋友，或领导，或老师，或同事，或伴侣……当你在生命的旅途迷路时，总有一盏灯塔为你点亮，导航前程。

“我”有一个属于自己的人生导师吗？

——2010 年深圳某大型制造企业出现连续跳楼事件，80、90 后心智模式研究院就此事件暗访后的感言。

无 私

朱元璋当上皇帝以后，有一天，独自在金殿上散步，回想当年起兵时的情形，不觉哑然失笑，脱口而出："我本是想沿江掳掠一些财物，哪想到居然掳得这个皇位，真是意料之外啊！"扬扬得意，美不胜收。

猛一抬头，忽然看到一个油漆匠，正在梁上粉刷，自觉失口，立即命令那个匠人下来，但连呼几声，那个匠人却毫无反应。又叫人大声呼唤，那个油漆匠方才下来，拜倒在地连声请罪："小人耳聋，罪该万死！"朱元璋一笑乃罢。

中国人尊尚明哲保身的人生哲学，所以，中国人给人的感觉总是带着一点自私。

明哲保身是中国人人生哲学的最高境界，它的副产品就是因循守旧、冷酷自私、麻木不仁和不负责任。"数千年以降，遂使中国社会越来越缺乏正义感和道德勇气。"柏杨先生说，"在明哲保身哲学引导下，中国人养成一种神经质的恐惧，唯恐惹祸上身，以致连自己应有的权利都不敢挺身保护，中华民族遂变成一个畏葸的民族，使人痛心。"

无私为大私!

这就如同自信过了头，就是自负，自卑过了头，就会自杀一样。

状元与乞丐

有一天，上帝的使者来到了人间。他碰到了一位高僧正在为两个孩子占卜前程。高僧指着其中一个孩子说“状元”，然后又指着另一个孩子说“乞丐”。

20年后，上帝的使者又来到了人间，看到了这两个孩子，结果让他百思不得其解：当初的“状元”如今成了乞丐，而当初的“乞丐”反而成了状元。

于是，使者去问上帝。

上帝说：“我赋予每个人的天分只决定他命运的三分之一，其余的则在于他如何去把握。”

人生就是这样！

人这一辈子

论金钱。在一个物欲横流的时代，当金钱主宰一切，成为一个人终极信仰的时候，物质世界就彻底地决定精神世界。于是，欲望不断膨胀，人性开始扭曲，价值观出现偏离，成功的意义发生了根本的变化，导致快乐和幸福这两大人生财富变得稀有化，很多人身陷其中却不能自拔，无法找到人生的平衡点！

论婚姻。你有没有房子？你有没有车子？你有没有票子？你有没有孩子？当爱情被金钱绑架，当婚姻成为一种工具，当浪漫与欺骗邂逅，我们的婚姻还剩下些什么？认知是喜欢的密码，喜欢是爱情的前提，爱情是婚姻的杠杆。婚姻需要的是真心、真情、真爱，有情人才能终成眷属！

论家庭。人是群居动物，我们离不开团队，人生的第一个团队就是家庭。从小到大，从生到死，家庭给予了我们太多太多的温暖、包容与爱。很多人为了追求更大的幸福、更多的财富，背井离乡，甚是不易，有人刚刚上路，有人在路上，有人已经成功。但不论何种境遇，家永远是我们人生旅途的驿站。有家才有爱，有爱才是家。

论事业。年轻人会时常纠结于家庭和事业的先后顺序。有人说，先成家后立业，这是责任的高度浓缩；也有人说，先立业后成家，这是担当的深度诠释。其实，不论先后，事业只是生命的载体，我们应该拥有它，但一个人最大的事业就是家庭，因为家庭失败了，越奋斗就越痛苦。

人这一辈子，就这一辈子，只要活出个明白劲儿，就不枉此生走一回！

生命的意义

大自然最伟大之处是它毫无选择地赋予生命的开始，

而在百年之后，它又毫无区别地让生命结束。

周而复始，从不停息。

人，作为自然界中的一分子，应该如何面对这宝贵的生命?

人这一生，一定要去两个地方看看，你就明白了生命的真正意义。

一个是妇产科，那是生命开始的地方；

一个是火葬场，那是生命结束的地方。

生和死的距离在这两个地方被生动地演绎，一眨眼的工夫，我们都似乎明白了活着的意义。

有人说：“哪怕你穷得连一件衣服也没有了，也不要绝望，因为你还有世界上最有价值的东西，那就是生命。”

人，不论过去有多么狼狈，没有什么比能活下来更重要。

因为我活着，我就还有希望。

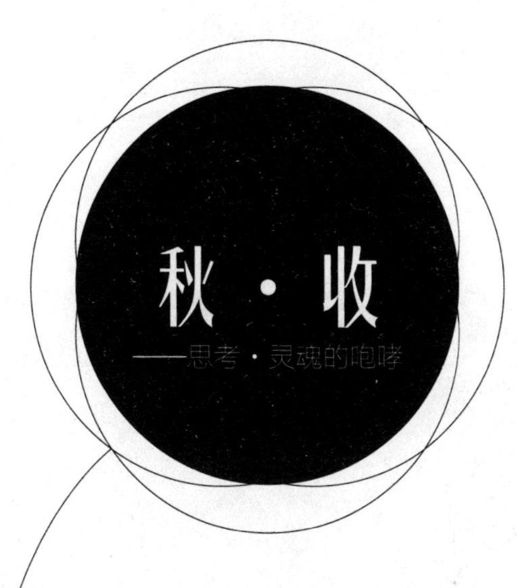

起风了，
唯有努力生存。

思考
灵魂的咆哮

十·速度

变迁

衣	由穿得暖到个性化
食	由吃得饱到吃得好
住	由拥挤到舒适宽敞
行	由闭塞受限到舒适快捷
玩	由棋牌游戏到娱乐多元化
用	由物资紧缺到琳琅满目
通信	由鸿雁传书到人远天涯近
面容	由微笑、真实到严肃、虚伪
名字	由传统民俗到个性西化
社会风俗	由陈规陋俗到简约文明
人口迁徙	从西到东、从北向南、从内陆到沿海、从农村到城市
人际关系	由熟人社会到生人社会
音乐	由民俗到摇滚
文化	由传统到西化

中国社会正在从封闭走向开放，从贫困走向繁荣，从落后走向进步，从愚昧走向理性。

30 多年的变化中，大步走来，想一想：我们正在追求什么？我们最想得到什么？我们正在失去什么？

青春更年期

这个时代，像极了青春更年期。

焦虑烦躁，无所适从，有些人不知道怎么样去生活，有些人不知道生活是什么样子的。

父母像在谈论孩子，企业家像在谈论经济，老师像在谈论教学，音乐家像在谈论旋律，作家像在谈论作品……就连有些明星也整天像在谈着恋爱。

青春本来是一首歌，不要搞的像追悼词。

静下心来，别让你自己的青春也撞上了更年期！

聚 焦

媒体聚焦下的罗炼和那段需要用心翻译的45字文言文：“终生役役而不见成功，茶然疲役而不知所向，讳穷不免，求通不得，无以树业，无以养亲，不亦悲乎！人谓之不死，奚益！”——让人喟然一声长叹，不由感叹生命的脆弱与无助！

富士康的连续跳楼事件，让大家再次熟悉富士康企业文化中的“爱心、信心、决心”，很多曾在富士康任职的员工则表示，自己对于“信心、决心”体会很深，但对“爱心”却感觉不够。——没有了爱，这个世界还剩下什么？

马加爵事件让我们意识到教育的意义不光在于成绩，还有人性的塑造，离开人性，知识越多的人越危险。——一个人不怕生活上的贫困，就怕精神上的潦倒。

变 焦

汶川地震，有我们新生代80、90后志愿者的身影，“国难当头，我们行动”，他们感动了周围和他们一样有爱心的前辈们！——有担当的一代。

北京奥运会，有我们新生代80、90后志愿者的风采，他们用微笑、汗水与真诚的服务感动了整个世界。——鸟巢的一代。

上海世博会，有我们新生代80、90后志愿者的英姿，用“成长进行时”书写着我们真的长大了。——活力的一代。

因为年轻，我们就有犯错误的权利；也因为年轻，我们才有改正错误的勇气。年轻，是人生旅途最美的风景，历史的交接棒已经握在我们的手里！

新生代农民工

中国30多年的巨变，乡村也在中国人的观念中悄然发生着变化。

中国大部分地方的乡村，都只有留守儿童和空巢老人，年轻人都外出打工了。在80后三十而立、90后进入职场以后，他们的生活，从一开始就是物质的、世故的，根本来不及畅想一下美好的未来，残酷的现实就毫不客气地扼杀了所有的想象与信仰。

上学时忙着考试，毕业后忙着找工作，工作后忙着谈恋爱，谈了恋爱又忙着结婚，结婚后忙着生孩子，生完孩子忙着养孩子，养孩子就要忙着赚钱，赚钱就得忙着拼搏，再忙着出人头地，忙着功成名就之时重回故里。

其实，曾经记忆中热闹的村庄现在已变得越来越冷清、越来越陌生，只在春节或十一长假的时候回去看看，可无论如何再也找不回儿时的那份快乐和洒脱了。不管在外面有多苦、多不容易，回到家乡的时候一定要漂亮、帅气，像个有钱人。

在外面打工越久，心里的牵挂就越浓，可真的回到了家乡，内心却矛盾重重。一是自己没有土地，二是即使有也不会种地，三是自己早已习惯了城市的生活，于是，在一次次纠结后，不得不重新背起行囊，又回到这个爱恨交加的城市里。不由得让人再次联想起喜欢庄子的罗炼那45字的心痛表白，但他却缺少了庄子的那份浪漫与逍遥。

返乡难，留在城里更难，城乡之间无所归依，让他们都沦为边缘人、夹心层。中国梦，也是他们的梦，习惯了城市生活的他们，内心多么渴望有一个稳定的居所，真正地成为城市人。

人

各位看官，世界上什么东西最值钱？

……

当然是人最值钱了。

有人说人不是东西，那什么才是人？

……

天地之性最贵者也

其实，人也是一种自卑的动物，绝大多数人都是从众的，不安分的。我们看到比我们好的东西，是很容易嫉妒的，想去占有；看到不如我们的东西，是很容易鄙视的，大部分人都会有这样的心理。

人越长大，有一种东西会越小，那就是胆量。

所以，人的三种资质很重要：一是人格，深沉厚重；二是勇气，磊落豪迈；三是能力，聪明才辩。

这个时代，人是很容易被物化的，人一旦物化，人格就会扭曲，人性就会丑陋，人品就会低下，人脉就会断送。我们这一代人是从熟人社会迅速进入了生人社会，世界变得越来越大了，属于自己的圈子越来越小了，在很多时候，我们变得无能为力，直到有一天，我们被压缩到狭小的空间了，感觉自己越来越不重要。

其实，人是形形色色的，有平常人，有庸人，有士人，有君子，有真人，有至人，有圣人，有贤人，三教九流，人人自危！

人之性，有温良而伪诈者；有外恭而内欺者；有外勇而内怯者；有尽力而不忠者。然知人之道有七焉：一曰问之以是非而观其志；二曰穷之以辞辩而观其变；三曰咨之以计谋而观其识；四曰告之以祸难而观其勇；五曰醉之以酒而观其性；六曰临之以利而观其廉；七曰期之以事而观其信。

君子坦荡荡，小人常戚戚。

理　想

有一次应邀去一个小学做感恩讲座，学生们都属于高小水平。临近结束的时候，我好奇地提了一个问题：请问亲爱的同学们，你们以后的理想是什么？（想看看这些00后们在想什么）

结果有十多个学生举了手，我请他们一一回答。结果在这十多个孩子中，仅有一个人长大后的理想是当医生（后来才知道这个孩子的母亲病重，家里很穷）；另一个想当老师（原因是他不喜欢现在每天一上课就板着脸的老师）。剩下的齐刷刷地都说要当企业家、董事长、CEO（首席执行官），问其缘由都大同小异，因为这样的理想可以赚很多钱。

古代知识分子读书的目的就在于做官，现在知识分子读书的目的在于赚钱，如果大家都记住了“书中自有颜如玉，书中自有黄金屋”，只认钱，不认人，这是多么可悲的理想啊！

攀比

现代人喜欢上了攀比，衣食住行必须一决高下。然而，很多人吃得浪费，穿得倒胃，住得名贵，行得无序，像极了孔雀的性格，可孔雀开屏毕竟是自信的，起码人家有一身匹配气质的漂亮外衣。

有人说，攀比是一把双刃剑。一方面，攀比能激发个人奋斗的潜力，给人带来向上的动力；另一方面，攀比也让自己活得很累，让烦躁的心理失去平衡。

喜欢攀比，要么你快乐，要么你痛苦；要么你进步，要么你退出；要么你生，要么你生不如死。

攀比是产生烦恼的根源，攀比是焚毁人生的毒火。人要少一分盲从，多一分警醒；少一分攀比，多一分努力；少一分计较，多一分包容；少一分患得患失，多一分豁达坦然。

所以，不要攀，不要比，不要自己气自己！

明　星

我们生活的这个时代，不缺少明星。学术明星、文化明星、影视明星、体育明星、歌唱明星、舞蹈明星、网络明星、企业家明星……比比皆是，我们每个人都可以按照自己的喜好找寻偶像，成为粉丝！

明星是娱乐时代的产物，谁也不会保持永远的热度。在互联网的催化和娱乐至死的今天，明星们家喻户晓，妇孺皆知，充斥着我们每个人生活的方方面面，我们似乎与明星零距离，但似乎离他们又非常遥远。

明星也有自己的烦恼与痛苦，但身为公众人物，具有大众的社会效应，应在光鲜的生活下，为当下社会尽一份责任，为年轻人树立一面旗帜。

不要嫖娼、吸毒、出轨、艳照、酒驾、精神病……一个都不落下。

否则，明星会吃人！

习惯这东西

习惯这东西，
不管是好还是坏，养成了就很难改掉了。
打开电脑挂上 QQ 已成习惯，
拿出手机打开微信已成习惯，
刷卡已成习惯，
上网购物已成习惯，
喝咖啡已成习惯，
看电影已成习惯，
另类前卫已成习惯，
喷点香水已成习惯，
性感已成习惯，
买房买车已成习惯，
聚会已成习惯，
K 歌已成习惯，
社交聊天已成习惯，
美容已成习惯，
旅游已成习惯。
还有网络上说的：
1. 熟人面前说个不停，生人面前一言不发。

2. 想早睡，却一直在熬夜。

3. 不问问题，只查谷歌和百度。

4. 对事物充满好奇，但除了课本和工作。

5. 喜欢制订周密的计划，然后不执行。

6. 经常早饭、中饭一起吃。

7. 永远不知道钱花到哪儿去了。

8. 网友成为朋友，朋友成为网友。

习惯这东西，有些很弱小，有些很强大，没有不行，有了一定得是好习惯。

成　功

没有哪一代人像我们一样如此的渴望成功，惧怕失败，愿意拼搏。于是，我们学会了白天奔跑，晚上熬夜，直到筋疲力尽。

成功到底是什么?

每一个人都会有一个不同的答案，但在这个答案里，一定会有很多人选择财富，但是也一定要有健康、幸福与爱。

没有快乐的成功那是失败，没有失败的成功也不算真正的成功。

飞蛾扑火，看到的是光明，其实是毁灭。

因为，在成功的道路上没有捷径，唯有勤奋。没有哪一个成功人士不是靠勤奋取得成功的，这个世界，需要的是胸怀、眼光和实力。

有一种能量叫潜伏，有一种思想叫独行，有一种孤独叫享受，每一个行走在成功道路上的人，都是孤独者。人与人之间的差别只在毫厘之间，关键就在于当你遇到困难、挫败与压力的时候，你是选择了坚持还是放弃，解决还是逃避，浮躁还是冷静，快乐还是痛苦。

其实，真正的成功是你要比现在的你强，好好修炼，成为更好的自己，你就会离成功越来越近。

年轻人，求知若饥，虚心若愚!

中年人，求贤纳德，虚堂悬镜！

老年人，求简化一，虚室生白！

人生贵极是王侯，浮利浮名不自由。争得似，一扁舟，弄风吟月归去休。

规 矩

古人曰：“没有规矩，不成方圆。”

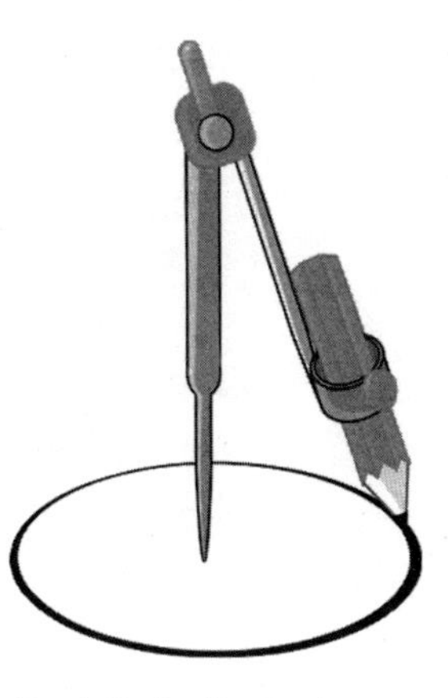

当下这方圆 960 万平方千米，真正懂规矩的人有多少。

“人无礼则不立，事无礼则不成，国无礼则不宁”，如果大家待人接物都随心所欲，我行我素，没有了规矩，受伤的有别人，也一定有自己。

规矩是一种自律的能力，学会去控制自己的欲望，在这个物欲横流的时代尤其重要。

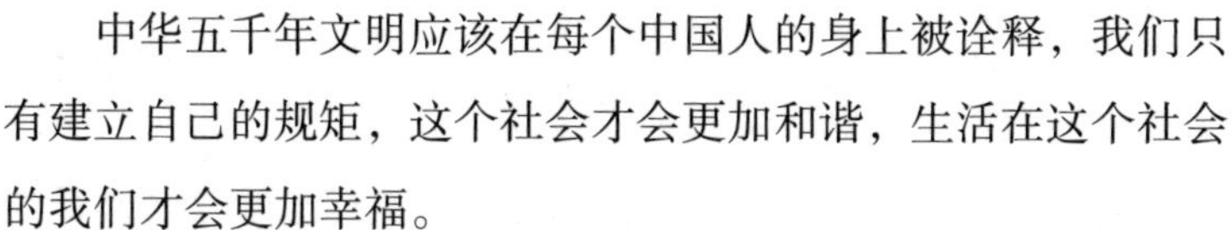

中华五千年文明应该在每个中国人的身上被诠释，我们只有建立自己的规矩，这个社会才会更加和谐，生活在这个社会的我们才会更加幸福。

当下社会，种种不文明的现象在我们身边经常发生，开车、排队、行为举止、人际交往……似乎我们中的一部分人还是很热衷于原始行为。

放眼当下我族人行之事、言之语、思之想，哪里体现了我们的五千年文明？每一代人都以百年的光景在传承和接力上一代的文化精神，我们这一代人不是要提倡书本上的五千年文明，而是要身体力行地去践行现代社会需要的真文明。

给自己留点尊严，

让我们懂一份规矩，守一份文明。

三座大山

中国新生代三座大山：学习、房子、健康。

学习太苦了，房子太难了，健康太重要了。

语 言

语言其实是最苍白无力的，
更何况它充满了欺骗与诱惑。
智慧的东西是很难用语言去概括和表述的，
思想的涌动只有用心才可以感知。
识不足则多虑，威不足则多怒，信不足则多言。

错　误

这个世界上有没有一个人一生不犯一个错误？

这个世界上有没有一个人完美得无可挑剔？

答案是否定的。

只有失去生命的人才会不犯错误，不会有痛苦，才会完美。

活着的东西总会有好和不好之分。

所以一个人也好，一个国家也好，一个民族也好，都是会犯错误的。要看犯了错误之后有没有改正的能力，如果有，是值得庆幸的，也是有希望和未来的。

赞　美

中国人缺少赞美别人的勇气，却擅长打击别人。有了钱就开始变得任性，本身就是一种自卑的表现。

记得在一个贴吧看到过一篇文章：哇！邻居家新买了一辆豪车耶?

美国人想，我要努力赚钱买台比他还豪华的车。

德国人想，这车的制造工艺还有提升的空间。

法国人想，哪天把豪车借来拉我女友兜兜风。

意大利人想，如果让我来设计一定会更拉风。

日本人想，我要仔细研究他赚钱的方法。

中国人想，哪天等你不在家，把它轮胎放气、玻璃砸碎。

哈哈，其实赞美别人，才会抬高自己。

感 染

几百年来，我们受到了什么样的感染，让我们如此迷茫与无助？

我们中的很多人丧失了分辨是非的能力，缺乏道德的勇气。一切事情只凭情绪和直觉反应，而再不能思考。

其实，我厌倦了这个时代的悲欢离合与精神异化，我对于这个社会和时代的看法没有师承，是因为我还保持足够的认真与清醒。

我用择善固执的生活方式，顽强地追求着自己认为有价值的东西。

拒绝被感染，还我清白身！

崇洋媚外

别人好的学，不好的不学，哪来的崇洋媚外？

我们好的留，不好的祛除，哪来的陈旧迂腐？

学会继承和发扬，懂得包容与创新，明辨是非与丑恶，让自己变得更强大，才是一个优秀民族的气质。

所以，80、90 后的我们，应该是具备独立思考的一代人，既能容下别人，也能装着自己，如此这般，我们就不会待在情绪里，而是活在思想里。

黑暗的光

在黑暗中，你会看到你平时看不到的东西，那是一种生命的光。

在黑暗中，唯有静下心来，让黑暗之光照亮双眼，人才会有希望。

所以，人不能没有希望，与其诅咒黑暗，不如举起手中小小的蜡烛，去点亮前行的路，当黎明来临时，希望就会升起。

乐观的人，在绝望中仍然抱有希望；悲观的人，在希望中还是绝望。

其实光一直都在，我们不要害怕黑暗，我们只是需要一点时间来适应。黑暗正在眼前，黎明不会太远！

年轻人，不要惧怕黑暗，那是黎明前的光！

突 然

中国这些年很多东西都好像来得很突然，比如票子，从万元户到百万富翁就很突然。比如房子，从小平房到高楼大厦就很突然。比如车子，从自行车到摩托车再到小汽车更是突然。

就连很多人的成功，都来得有点突然。

唯独大家的幸福，还不够突然。

感　动

我们每个人都在一天天长大，

似乎感动我们的事情在一天天减少，

直到有一天我们都老去的时候，连自己也感动不了。

日子一天天过去了，每一分钟都带走了生活的一部分。

在这个残酷的世界，我就像个诚实的孩子，躲在黑暗里偷窥光明。

人生很长，快乐很短，我们要学会感动自己！

对不起

中国人是死不认错的!

父母做了错事，不说“对不起”，那会伤害孩子的心灵；

夫妻有了矛盾，不说“对不起”，那会伤害彼此的感情；

朋友有了误会，不说“对不起”，那会破坏真挚的友谊；

领导犯了错误，不说“对不起”，那会蚕食下属的信任。

一声对不起，不光是我们内心的忏悔，更是我们胸怀的体现。

不管你伤害过谁，或是被谁伤害过，我们都应该尽可能去包容别人。伤害到别人的时候，你很有义务向对方说上一句“对不起”；当对方向你道歉的时候，你也一定要回一句“没关系”。当然，这个世界上也不是谁都活得那么开心，也不是每一句“对不起”，都能换回一句“没关系”。

不要把感动埋藏在内心，说出那句“谢谢你”

也不要把懊悔埋葬在内心，说出那句“对不起”。

人生无大事，一笑泯恩仇!

傻　子

小 B 是一个流浪汉，时常喜欢在广场上走动，许多人很喜欢开他的玩笑，并且用各种各样的方法捉弄他。其中有一个大家最常用的方法，就是在手掌上放一个五元和十元的硬币，由他来挑选，而小 B 每次都选择五元的硬币。大家看他傻乎乎的，连五元和十元都分不清，都捧腹大笑。每次看他经过，都一再得以这个手法去取笑他。

过了一段时间，一个有爱心的老妇人看到了，就忍不住问他："小 B，你真的连五元和十元都分不出来吗？"

小 B 微笑着傻傻地说："如果我拿十元，他们下次就不会让我挑选了。"

老妇人陷入了深深的沉思……这个世界上，到底谁才是傻子？

对 错

错是给你成长的机会，

对是给你付出的回报。

一样的眼睛有不一样的看法，一样的耳朵有不一样的听法，一样的嘴巴有不一样的说法，一样的心有不一样的想法，是不是因为这样，一样的人生才有对和错？

0·角度

洗澡·洗脑·不洗心

洗心才能革面，心决定性，叫心性；性决定命，叫性命；命决定运，叫命运；运决定气，叫运气；气决定色，叫气色；色决定相，叫色相；相决定貌，叫相貌。

爱洗澡，会洗脑，不洗心，人也会臭的！

生气·脾气·不服气

中国人的神经好像异常脆弱，特别容易生气。小到排队、抢座位，大到开车、坐飞机，“爱生气”事件在我们身边频发。从语言冲突到拳头相向，处处彰显着“中华武术”的魅力。

中国人的脾气似乎越来越坏了……

人们常说“生气是拿别人的错误来惩罚自己”，可如今很多人不这样认为了，生气是既要惩罚别人，更要惩罚自己。

中国人向来很着急，争先恐后，缺乏安全感。遇人遇事，内心往往会充斥着不服气，动不动就会摆出一副“我要代表月亮消灭你”的架势。

脾气大的人，本事往往比较小。因为他总是在逻辑上认为生气了，别人就会怕了他，其实他越生气，别人内心越不服他。

其实很多人一生都是在跟自己较劲、赌气，闹腾了一辈子，等到年老的时候，才突然明白过来，一气百病生，原来生气是有毒的，可日子不长了。

子曰：吾十有五而志于学，三十而立，四十而不惑，五十而知天命，六十而耳顺，七十而从心所欲，不逾矩。即此理。

人应该要有些气度，量小非君子，妒忌生祸心，做人大气，方能大气，这是一种生存的智慧。胸怀博大，可容世界，不要让愤怒之火，燃尽了中华五千年文明！

房子·车子·没票子

说起房子，有人欢喜有人忧，而小 A 则是一地忧愁。

小 A 是 80 后，准备结婚，买房是关键，房子似乎成了比结婚证还重要的婚姻通行证。

小 A 本来喜欢小一点的房子，可丈母娘说房子小，女婿人品不看好，其实她哪里知道小 A 的心思——一屋不扫，何以扫天下？

有了六环外的房子，发现还得有车子，小 A 本来喜欢国产的车子，可丈母娘说进口车子好，进口车子问题少。其实她哪里知道小 A 的心思——国家兴亡，匹夫有责。

而令小 A 最头疼的，就是每个月为了房子和车子，最后没票子。

还有那个跟结婚一前一后出生的孩子！

胖子·儿子·怕蚊子

在中国历史上，有一个朝代是以胖为美的，那是一种自信。
而如今，也有越来越多的人开始追逐这种自信。
男人，大腹便便，这是成功的象征！
小孩，白白胖胖，这是富裕的象征！
老人，满身赘肉，这是享福的象征！
唯独女人，宁愿舍去自信，也要爱美之心。
儿子也一样，他不喜欢胖，他说胖了容易招蚊子。

话说有两只蚊子，一只是城市的，一只是农村的，它们两个是好朋友。有一天农村蚊子请城市蚊子到乡下旅游，它们快乐地在空气新鲜的天空飞着，到了晚上农村的蚊子请城市的蚊子在人们身上大大地饱餐了一顿，城市蚊子很高兴。

过了一段时间城市蚊子出于礼尚往来，也请农村蚊子到城市来旅游。转了一天也该请人家吃饭了，它就带着农村蚊子到处飞，飞到哪里都点着蚊香或挂着蚊帐。无奈城市蚊子怕没面子就带农村的蚊子到寺庙，落在菩萨塑像上用力地叮，待了一夜。

第二天分别的时候城市蚊子问农村蚊子感觉怎么样，农村蚊子回答："别的都好，就是这城里的人没有人情味。"

病了·疯了·都老了

这个时代的人们，像极了热锅上的蚂蚁，烦躁与不安。

老人家似乎缺少一份悠闲自得，病了；

中年人似乎多了一份杞人忧天，疯了；

年轻人似乎没有了阳刚之气，都老了！

自信·自然·才自由

一个人最漂亮的时候，那是自信；

一个人最自信的时候，那是自然；

一个人最自然的时候，那才会自由。

中国新生代就是这样一群人，我们真实，不伪装自己；我们简单，不浪费资源；我们自然，只为了自由。我们都是原生态——因为我们未曾伤害这个世界。

自卑的人，经常愤怒，所以做事缓慢，因为容易优柔寡断。

自负的人，时常喧闹，所以做事匆忙，因为容易慌慌张张。

人生有三毒：自我、自大、自私。自我者无家；自大者无祖；自私者无亲。

真正的自由来自你的内心，当喜则喜，保持纯真，学会改变自己才会获得自由，也只有你自己才能让自己活得自由。

中国人是不自信的，不但不自信，而且常常徘徊在两个极端之中，一方面是自卑，另一方面是自傲。不要封闭自己，也不要自我膨胀，两者都很危险，所以说，不要过，也不要不及。

自信，自然，才自由。

担心·揪心·不开心

我们时常在担心很多事情，很多事情并没有真的发生，我们没有担心过的事情，有时却偏偏发生了。于是，我们不再相信，就连自己也无情地欺骗自己，慢慢地习惯了孤独，一个人、几个人，或更多人一起孤独。

于是，我们开始在喧嚣中落寞，在落寞中感伤。眼瞅着日子一天天过去，我们一天天变老，我们却似乎一无所获。看着镜子里的自己，心揪了起来，那是谁？怎么如此的陌生与孤寂？

这个世界太大了，大得好像没有边界。可眼前到处都是黑暗，走着走着，就会让人迷路。

这个世界太平凡了，在这个平凡的世界里，不平凡要付出极大的代价。

人生真有意思，活着活着就死了。

所以不要惆怅，放开心情去生活！

春有百花秋有月，夏有凉风冬有雪，若无闲事挂心头，人间便是好时节。

工人与机器

马克思先生曾在《资本论》里讨论过“工人与机器之间的斗争”，而在现实里，这样的斗争似乎一直没有停息过。

2011 年 7 月 29 日，作为中国最大的电子代工企业的富士康科技集团总裁郭台铭表示，未来 3 年内将新增 100 万台机器人取代人工劳动力，届时富士康的生产效率将大幅提高。

电力代替了人力，机器代替了技术，细致的生产分工使工作越来越失去乐趣，工作的唯一动力只剩下了金钱。

无论富士康 100 万台机器人与工人抢饭碗的大事件是否会成真，但此事却掀起了中国制造业使用工业机器人代替人力的浪潮。当然，这不足以让我们感到恐慌，因为全靠机器的时代还没有到来。但是作为 80、90 后的我们不得不引起重视，在中国人口红利逐步褪去以后，伴随着科技与经济的进一步发展，机器与工人的斗争也许会一直进行下去。

是否真会有一天，随着工业化进程的不断深入，由曾经的工人是机器，变成工人与机器，最后彻底地变为机器人工人？

面子与尊重

中国人近百年来，都在追求一种体面的生活，都在渴望得到更多人的尊重，我们做到了吗?

潜意识里，中国人视他们的生活目的就是抬高自己从而获得别人的认知。“面子”是中国人心理最基本的组成部分，它已经成为了中国人难以克服的障碍，阻碍中国人接受真理并尝试富有意义的生活。这个应受谴责的习性使得中国人生来就具有无情和自私的特点。

当一个懦弱的人需要面子的时候，他认为最有效的方式就是愤怒，以为这样别人就怕他，反过来就会尊重他，其实不然，威不足则多怒。

如果说中华的五千年文明折射在我们身上的只剩下了黑眼睛、黑头发、黄皮肤，我们这个民族是难以过得体面的，也难以获得真正的尊重!

为了一己私利不惜伤害周遭而获得的成功，为了物质财富丢掉精神财富而取得的辉煌，为了眼前利益放弃长远利益而取得的成就，是不值得炫耀或获得尊重的，即使你满身珠光宝气，也遮挡不住内心的丑陋。

有修养的人，总是努力做到精神深沉悠远，气质美好凝重，志向远大现实，心态谦虚谨慎。只有修养美好才能尊崇道德和品操，只有志向远大才能担负重任，只有谦虚谨慎才能有所进步。

因此，一个人知道害羞，说明他还有起码的道德底线。

如果我们为了面子，不得不戴上面具，整天胡言乱语，这才是人生最大的悲哀。一个人面具戴久了，就不知道哪一个才是真正的自己。

面子是争取不了的，唯有修炼好自己，别人才会给，那样的面子才叫尊重。

真实与谎言

从前有一对好朋友，他们的名字分别叫真实与谎言。有一次，真实和谎言一起去河里洗澡，先上岸的谎言穿上真实的衣服走了，但真实怎么也不肯穿谎言的衣服，只好光溜溜地走回家。从此，人们只接受穿着真实衣服的谎言，却接受不了赤裸裸的真实了！

一个人不敢讲真话，简单没有了；

一个团队不敢讲真话，合作没有了；

一个企业不敢讲真话，发展没有了；

一个民族不敢讲这话，进步没有了。

放眼整个世界，你看到的，就是你自己想看到的；你听到的，就是你自己想听到的。任何人，往往都会在做出选择时，对不愿看的视而不见，对不愿听的听而不闻。

Yes（是）与 No（不）

在我们生活的世界里，上一代人都是习惯性地对下一代人说“No”，上一代人总是渴望下一代人对自己说“Yes。”

老 Z——我过的桥比你走的路都多。

小 A——那是我懒得动！

老 Z——我吃的盐比你吃的饭都多。

小 A——那是你口味重！

叛逆是一种创新，在错误面前，我们拒绝说“Yes”。

理智与情感

小时候，情感是我们的主人；

长大后，理智是我们的主人。

如果一个人理智不足而情感有余，那么他时常犯错；

如果一个人理智有余而情感不足，那么他缺少浪漫。

我们要有理性的浪漫，也要有浪漫的理性。

理性的素质是可以学习的，因为它有标准。

感性的素质却难以量化。

如果一个人平衡了理智与情感，

他就可以获得一种心灵的超脱，一种人性的回归。

人总是要真实、简单、快乐、自然才好。

这 30 多年中的中国人是缺少感性文明的，所以容易导致唯利是图，

第一代企业家靠勇气敢干，第二代企业家靠经营管理，第三代企业家要靠感性素质。

理智与情感，是多么好的一对幸福情侣啊！

父与子

7 岁："爸爸真了不起，什么都懂!"

14 岁："好像有时候说得也不对……"

20 岁："爸爸有点儿落伍了，他的理念和时代格格不入。"

25 岁："'老头子'一无所知。毫无疑问，陈腐不堪。"

35 岁："如果爸爸当年像我这样老练，他今天肯定是百万富翁了……"

45 岁："我不知道是否该和'老头子'商量商量，或许他能帮我出出主意……"

55 岁："真可惜，爸爸去世了。说实话，他的看法相当高明!"

60 岁："可怜的爸爸，您简直是位无所不知的学者！遗憾的是我了解您太晚了!"

存在感

人活一世，草木一秋。

所以许多人很在乎存在感，没有了观众，觉得生活就不精彩，于是，也就有了许多人乐此不疲、一厢情愿地想活在别人的眼里。

其实不然，别人都忙得很，哪有时间在乎你！

改革者

每个人都是改革者，从生到死，我们总想改变这个世界，却让世界改变了我们。

我们是改革者，就会不停地犯错，不因失去垂头丧气，也不因得到沾沾自喜，我们只愿勇往直前，一路向前！

我们是改革者，先改变自己，再改变世界。

U·气度

大时代

改革开放是一个大时代，造就了一大批企业家，其中不乏企业家明星。似乎这几十年，不管男女老少都在谈论一个字——“钱”，钱成为了这个时代的主旋律。

经济的繁荣一定程度上推动着文化的发展，文化的发展一定程度上又促进了经济的繁荣。

没有文化的时代人们必将缺少信仰，缺少了信仰人们就失去了灵魂，没有灵魂的人们不知道什么是幸福！

中国五千年历史，经历了三个黄金时代：第一个是春秋战国时期，思想与生活并存。第二个是唐王朝早中期，经济与文化交融。第三个是清王朝中叶，中西方互通有无。

第四个黄金时代，来了?!

契　约

中国改革开放后，经济的飞速发展、信息的极速流动、成功的榜样不断涌现，催化了越来越多的世俗成功者。

然而，一个社会最大的资源浪费就是我们没有了契约精神，没有了信任与信仰。人们彼此之间缺乏忠诚，就缺少合作，以此延伸，人们只有追逐金钱的动力，不注重真实的能力，形成不了有效的合力，产生不了科学的创新力，哪来真正的核心竞争力？

当下，中国社会开始进入精神消费大时代，我们更需要自由、平等、守信、布施的契约精神。人们注重伦理和道德，履行权利和义务，积极培养自身素养，用爱和尊重对待别人和自己，发挥人性的优点。否则，社会越发展，快乐与幸福会离我们越远。

相 貌

现在的女人看起来越来越漂亮，是真的吗？

我说是真的！

现在的女人看起来越来越美丽，是真的吗？

我说不一定！

漂亮与美丽是两个不同的概念，漂亮注重外在，美丽则注重内修。

漂亮的容颜会随着岁月的流逝而衰败，昙花一现；而美丽的气质则会伴随着人的一生，长盛不衰。

其实一个女人是否真的美丽，不是看她身上穿了什么名牌，脸上涂了什么化妆品，开什么车子，住什么房子，戴什么首饰，而是看她的内心绽放着什么样的智慧，嘴巴里讲出了什么样的语言，举止上有多少优雅与自信。

一个人切勿以丑为美，以非为是，注重漂亮且修炼美丽的女人，才会真幸福。就如同一个有希望的民族不但要有大家闺秀，更要有小家碧玉，女人因为可爱会更加漂亮，因为智慧会更加美丽！

做女人真好！

快　餐

在我们儿时的记忆里，

最原始的快餐，应该是方便面。

长大后，发现更多人在吃快餐。

因为快，所以备受追捧。

其实吃的本质在于味道与营养。

它蕴含了一种精神与文化。

所以，每个背井离乡的人都很怀念家乡的味道。

21世纪，在全球经济一体化与全球知识一体化的背景下，人类进入了资讯繁荣时代。一手资讯对于现代人来说至关重要，上到国家政策，下到市井文化，都让人目不暇接。

于是，快餐文化变成了文化主流，并持续发酵产生文化泡沫，很多人一下扑进了快餐文化的浪潮之中，自己的思想早已臃肿却还不知道做减法。

凡事都只讲一个“快”字，于是，我们就听到了这样的声音：

“年轻时以命换钱，老了以钱换命”——如此的愚昧与不负责任，害人又害己。

“你能不能开得再快一点，把人都快急死了”——你急着要去哪里？

“这个工程一定要提前完成工期，让不可能成为可能”——做豆腐的速度是这样子的。

“我的宝贝长得真快，学得真快，胖得真快，睡得真晚”——激素文化的结果。

“30 岁了，我们老得真快”——心老了吧?!

当我们的人生变得本末倒置的时候，我们剩下的只有自杀式的追赶。

慢就是稳，稳就是快!

拿来

从前有个特别吝啬的人，他最喜欢听的就是别人对他说“把我的给你”或“把我的拿去”，最不想听见的就是把他的什么给别人。有一天，吝啬鬼行进在池塘边的时候，一不小心掉进了池塘，由于他不会水，就在池塘里拼命扑腾。此时正好有人路过，为了能救人一命，于是就喊他赶快把手伸过来给路人。一听要他把手拿出来，吝啬鬼怎么也不听，总觉得别人是想要他的什么东西，眼见人就要被淹死了（其实只要双方一伸手就可以把他拉上岸来）。后来路人换了个说法，将自己的手伸向落水的吝啬鬼，并大声说：“快，把我的手拿去。”吝啬鬼十分高兴，很迅速地就把手伸了过去，于是路人便救下了他。

现代人有些贪心，什么都想得到。

得不到的，也学会了从别人那里去拿。

很多人认为：拿来比拿去要好，最起码我们在拿来的时候要比拿去的时候快乐。

于是，我们习惯了从父母那里拿来，连一声感激的话都不说。我们习惯了从爱人那里拿来，连一个深情的拥抱都不给。我们习惯了从老师那里拿来，连反思的时间都不花。我们习惯了从朋友那里拿来，一切都显得理所当然。于是，拿得越多，我们似乎越不快乐。贪心越多，我们就享受不到付出的那份欣慰和快乐！

我们已经习惯拿来，
我们何时学会给予？

荣 誉

没有哪一代人像80、90后这样如此热衷于荣誉，从小我们就开始被荣誉覆盖着：幼儿园老师手中的小红花，期末考试颁发的三好学生奖状，每个班级都必争的流动红旗，还有作文“我的理想”中的科学家、飞行员、运动员、解放军、工程师等，都背负着巨大的荣誉，功名不就死不休！可长大后，我们的理想都丢了。小时候的理想不知何时已经沦落为如此的现实：房子、车子、票子。

不忘初心，对于我们已显得不够厚道，更显得牵强了。

请别跟我谈理想，戒了。

可人活着，似乎还得有些理想，有了理想，就得要荣誉。

荣誉这东西，跟金钱不一样，生能带来，死带不去。所以从古到今，不论仁人志士，还是平民百姓，总是孜孜不倦地追求着它。

而如今，在成功的面前，荣誉逐渐被金钱所取代，只要跟荣誉有关的，一定跟金钱有关。论文评比，荣誉让给了金钱；证书发放，机会留给了金钱；就连有些国家竞选的总统，都是用金钱换来的。

所以，荣誉被人践踏了，荣誉也不再是荣誉了。

笨 蛋

学前班的老师给学生们出脑筋急转弯:“世界上最贵的是什么蛋?”

有人说是金蛋,

有人说是原子“蛋”,

有人说是脸蛋……

各种各样的答案都有。

这时,小A也举手发言,高兴地说:“是笨蛋!”

同学们笑了,老师也笑了,她走过去轻轻拍拍小A的脑袋说:“是的,数你最贵!”

是因为笨才善良,还是因为善良,才显得笨?

只有小A知道,吃点亏,吃点苦,傻点笨点也是福,最起码笨蛋比坏蛋好!

无 畏

老 Z 记得小时候，走在街上如果有一辆汽车开过来，人们会畏惧地站在一边，惹不起可以躲。

长大后，汽车越来越多，马路越来越宽，可每天都上演着人车竞赛。有人说，如今是走路的不怕骑车的，骑车的不怕开车的，开车的不怕没有摄像头的十字路口，于是，我们骄傲地向世界宣布：中国式过马路可以申请世界非物质文化遗产了。

当然还有中国式抢座位、中国式接孩子、中国式休假、中国式跨栏、中国式驾驶、中国式插队、中国式陋习……

所以很多中国人坚信这样子的真理："买彩票不中奖是不可能的——万一我中了；闯红灯不安全是不可能的——怎么偏偏会是我?"

中国式心态让"中国大妈"一举成名天下知，从排队抢盐、抢米、抢板蓝根，到抢房、抢金、抢女婿，在中国式的疯狂下，"中国大妈"显示出来的威武与无畏足以震惊世界，而用人民币换取的安全感，还是让人惶惶不安。

我们开始变得越来越浮躁，盲从与焦虑就这样一代一代地传递着，直到中国新生代的时代到来！

无知，则无畏！

害 羞

这个时代，一个人知道羞愧，说明他还有良知。

骂 名

旧时，农村有一种风俗，父母盼望孩子平安长大、出人头地，都习惯性地给孩子起个骂名，如猪娃、狗蛋、憨头等，这些父母认为，名字越低贱，孩子就越健康、聪明。

当然在孩子犯错误时，即使没有骂名，也会临时给你安上一个：“你个兔崽子，老子的话你也敢不听……”这种骂名是父辈们对爱的一种不近情理的表达。

今时，社会越来越文明了，父母也不再给孩子取骂名了。可倒是有些人为了出名，竟然四处找着挨骂，别人骂得越难听，知道他的人就越多，反倒他心里乐得就更欢了。

骂——不知何时竟成为了这个时代的流行符号。

不过骂也分形式，排队、开车，明处骂，只是泄泄愤而已。

可论坛、贴吧，暗处骂，在这个资讯高度发达的时代，耐人寻味。

骂人竟然骂出了职业化。

当然，也有大呼冤枉的。

一个人在出名之时，似乎都得挨个骂方可功成名就。别人也会在你功成名就之时骂一骂方解心头之恨。

如果你心平气和的，不在乎，那些人骂一阵子就熄火了；

如果你非想掰出个一二三四五，那就着了那些人的道儿了，他们会欢呼雀跃地拉开架势与你大干一场。

想想还是算了吧，谁人面前不骂人，谁人背后不被骂。

囚 禁

有一次和朋友去海洋馆。

当我们走到鲨鱼馆前面的时候，发现这里面的鲨鱼温柔可亲。

于是带着好奇，去询问海洋管理员："这只鲨鱼会长多大?"

海洋管理员指着水族馆说："要看装它的水族箱有多大。"

我们又问："会跟水族箱一样大吗?"

管理员仔细地说："如果在水族箱，鲨鱼只能长到几米，如果是在海洋，就会大到一口吞下一只狮子。"

我们十分惊讶，原来海洋馆的鲨鱼把自己囚禁起来了。

生活赋予我们的一份巨大的和无限高贵的礼品，这就是青春：它充满着力量，充满着期待、志愿，充满着求知和斗争的志向，充满着希望、信心。

而这一切每个人都拥有或曾经拥有过，可当我们在年轻的时候，谁会珍惜这份青春的礼物呢?

既然我们是中国新生代，既然我们身披青春的战袍，就应该勇敢地站起来，走出去，不要让自己的心把自己一生囚禁起来。

钻

小时候，老师教导我们，长大后要像科学家一样有钻研的精神，不要让困难把我们打倒了；也要像雷锋叔叔一样有钉子精神，善于挤，愿意钻，干一行爱一行。

同学们听后，热血沸腾，频频点头。

长大后，老师的教导发挥了关键性作用，大家都把钻的精神发挥得淋漓尽致，炉火纯青。

开车要会钻空儿，不然堵死你；

做事要会钻门子，不然穷死你；

做人喜欢钻牛角尖，不然烦死你；

爱情邂逅了钻戒，不然哭死你。

就连邻居的老猫，在春天里，也学会了钻被窝，简直气死你！

堵

在自然界，规则是需要所有组织里的成员共同遵循的，否则就会发生冲突。

因此，法律是无法驾驭于道德之上的，学历是无法凌驾于能力之上的，美丽是无法凌驾于自然之上的。

这是自然法则，也是人类最伟大的科学。

其实，规则是需要去创新和变通的，要与时俱进，否则就是教条。

然而，在现实中，我们却时常本末倒置，不得真解，于是，我们就变得越来越痛苦，越来越糟糕。

一处堵车了，如果所有的司机都互不相让，像自然界的动物抢食般你追我赶，车就会越聚越多，最终堵得水泄不通，我们被活活地困在那里，动弹不得。

路堵了，时间一长，人心就开始堵了，结果就会变得一团糟。

这很像我们中国人解决问题的思路，孩子越赌气，父母就越着急；下属犯错误，领导先批评。当我们都处在“堵”的世界里的时候，唯一的解决问题就是疏通了。

人是有思想的高级动物，不是处处都能堵得住的，你越堵，就越危险。

炒

炒，是烹饪中最广泛的一种方法，有生炒、熟炒、滑炒、煸炒、焦炒、软炒等，非常考验厨艺。

炒，也是现代人最熟悉的一种生存法则，炒楼、炒股、炒黄金、炒歌星、炒作家、炒鱿鱼，非常考验眼光。

当炒作的文化越来越肆意地侵蚀我们心灵的时候，能回到家里安安静静炒一桌菜的人越来越少了。

凡是炒就不可过了度，过了度，是很容易煳的。

心世纪

在21世纪，靠学习只能生存，靠思考才有发展。

21世纪，是心的世纪。一个人要成功，必须要学会不断地平衡心态，建设心智，管理心本，才能唤醒内在的智慧，与时俱进，成为时代先锋。

21世纪，也是企业心学院的世纪。一个企业要成功，必须要学会平衡“物心一致”，从内到外去解决问题。领导者诚意正心，管理者同德同心，基层员工将心比心，大家万众一心，企业才能真正地快速良性发展。

心世纪，大家要相互多一份关心，要多一点时间谈心，要献出一份爱心，要有坚定的信心，要有同理心，大家才会更开心。

天下归心！

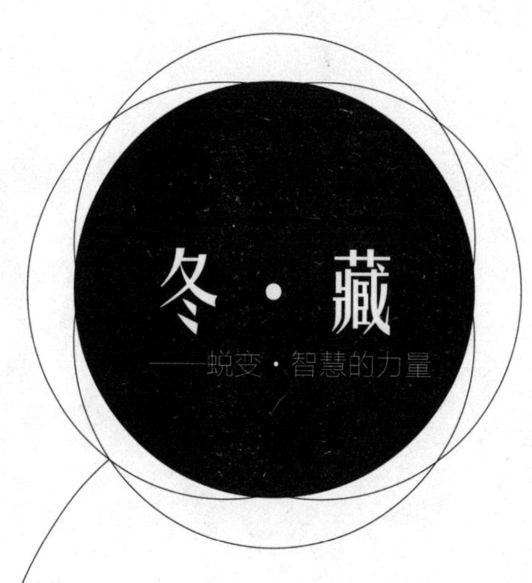

又一春

蜕变

智慧的力量

人定胜天

自然法则

人类最伟大的科学就是自然法则！

有人说，人定胜天就是人类一定可以战胜自然界，这是一种既无知又可怕的想法。

看看发生在我们身边的至今仍记忆犹新的大地震、大海啸、冰雹、干旱、火山爆发……哪一个不足以说明，人类在自然界面前所表现的力量是多么的微不足道。

曾几何时，人定胜天这句话给予了人们多大的动力。可现实中，我们应该学会热爱自然，敬畏自然，因为人类不过是浩瀚宇宙中一粒小小的尘埃。

几百年来，我们用科学在不断地探索未知世界，似乎我们变得越来越聪明，变得越来越强大。这个世界的每一天都变得比昨天丰富多彩，人们的欲望变得越来越多，可是驾驭欲望的能力变得越来越弱，在人类智能不断提升的同时，我们的慧能却表现得不尽如人意。

这个世界上最令人敬畏的是自然与道德。人定胜天，是一个人修炼内在的不二法门。一个人只有内在安定了，身心灵平衡了，才能够进入一种美好的和谐状态，才有灵性，才能分辨是非善恶，顺势而为。否则，违背了自然法则，科学越发展，人类就越容易走进“高科技、低智能”时代。

减 法

现代人总是忙！盲！茫！忙到忘记了当初为何出发，盲到眼睛里只看得到功名利禄，茫到午夜时分还抱着手机、电脑舍不得放不下，到头来身体基本搞垮，感情基本坍塌，让自己淹没在欲望的旋涡之中，不能自拔！

我曾经尝试性地做过一个训练营：在我认识的中小企业家当中发起一个武当之行。但在出发之前，我提出了一个苛刻的条件，凡是参加的人不可带电脑、手机等移动设备，这对于每天忙得昏天暗地的他们来说是一个巨大的挑战，在一番纠结与徘徊之后，我们一行十几人出发了。

这些中小企业家开始的表现出乎意料，很多人彻底地放下了平日里的架子，像小孩子一样天真烂漫地闹腾起来，他们激情似火，却没有了往日在公司里的火气。行程过半，大家都玩累了，一个个睡得东倒西歪，而我在一旁默默地享受着难得的安静。

第一天，大家兴致很高，但到了晚上总觉得缺点什么，很多人发现两手空空很不习惯，不知道这两只手该干什么，心开始变得有些浮躁，尤其在如此寂静的道教圣地。

接下来的两天很多人开始慢慢适应，整个人慢慢地放松了下来，人性开始苏醒，在真正融入了道教文化以后，到了第三天晚上，在寂静的山林里，我们开了一个简短的碰头会。大家安静了，祥和了，脸上露出了许久没有的笑容，大家畅谈这几天的蜕变，很多人都不由自主地说——以前很多公司里想不通、解决不了的问题，现在都解决了，都想通了。他们问我到底用了什么方法让他们变得如此才华横溢、智慧过人。

也许是当局者迷，旁观者清，我把事先准备好的纸条拿出来交给每一个人，上面方方正正地写着六个大字——放下才能重生！

放松、放空、放下，就是要学会做减法，这是多么简单而又深刻的人生道理啊！

平衡与和谐

相传，古代鲁国之君有一个“右坐之器”放在周庙里，这个被视为国宝的器皿很奇特，虚则欹，中则正，满则覆。有一天，孔子带弟子到庙里看到了这个器皿。于是，他让弟子取来水注入这个器皿中，果然如此，不禁令孔子喟然而叹。

美与丑，是一种平衡；

强与弱，是一种平衡；

雅与俗，是一种平衡；

动与静，是一种平衡。

人生就是一个不断取舍的过程，帆只扬五分，船便安；水只注五分，器便稳。这同做人一样，水至清则无鱼，人至紧则无智。凡事得有个度，不过也不及。

因此，人要与自然保持和谐，人的身心灵要保持平衡，人与人之间要保持距离。遵循平衡之法，懂得和谐之道，天地万物就可以各得其所。

聪明与智慧

聪明者，耳聪目明。

智慧者，慧由心生。

世界上聪明的人不多，估计十中有一；而智慧的人就更少，估计百中无一。连公认的智者苏格拉底都自认为按照智慧的标准，自己是无知的。

聪明是一种生存的能力，智慧是一种生存的境界。

聪明人注重细节，智慧者注重整体。

聪明的人知道自己能做什么，智慧的人明白自己不能做什么。

聪明人总想改变别人，智慧者总在修炼自己。

聪明是人的境界，智慧是禅的境界。

知人者智，自知者明。

聪明难，糊涂更难；难得糊涂，就是智慧吧！

物质与精神

我们活着，必须要面对两个世界：外在世界（物质）与内在空间（精神）。物质与精神就如同我们每个人的两条腿一样重要，缺少了其中任何一个，都会行动不便。

物质是精神的外壳，精神是物质的灵魂，物质在一定程度上决定了精神，但脱离了精神这样的中心，物质永远只是一种虚空。

当我们生活在一个物质比任何时代都富足、精神比任何时代都虚空的时代，真正的幸福和持续的快乐似乎离我们很多人都有点遥远。

因为，在大多数时候，我们都只关注外在世界，贪恋的双眼拼命地找寻着属于自己的伪幸福与伪快乐，物质的欲望如同病毒一样侵蚀着很多人的灵魂，让自己的内心世界不得安宁。可事实上，原本这个花花世界已经变得越来越纷繁芜杂、喧嚣浮躁，不懂得让自己抽离出来，我们就会一直迷失，永远不懂得人生的双赢。

当你读到这里的时候，请跟随我们成千上万的读者一起，就在此刻，闭上双眼，静坐几分钟，观照一下自己的心灵，让我们的内在空间安静下来，调整我们的气息，平复自己的心情，让身体放松下来，点亮自己的心灯，照亮内在世界……

让你的外表绽放吧！

让你的内心释然吧！

然后缓缓睁开双眼，再徐徐阅读，你会渐渐进入一种美妙的境界…… 物心一致，让我们活在自己可以主宰的世界里。

文明与进步

工业革命以来，世界处在飞速的发展之中。这个星球上不同肤色的人，在经历了一连串的患得患失之后，时代一路向前！

金钱、道德、欲望、伦理、智慧、成功、谎言、毁灭……充斥着这个丰富多彩的世界。

每一天都在变，每一天都变得让人眼花缭乱。

年老的人时常在感叹世界变化得太快——你们那么快干什么？你们要到哪里去？

年轻的人不断在感叹时代的选择太多——还没来得及享受，昨天已悄然逝去，岁月不待人。

于是，所有的人都希望跟上世界的脚步，越来越快，快得都懒得停下来。

每一个人都渴望进步，每一个国家都希望文明。

那谁能说明白“文明”是什么？时间总会把过去的辉煌撕得粉碎。

谁能说明白“进步”是什么？在自私面前进步永远是个失败者！

唯有人性的光芒才能照亮整个世界！

信任与信仰

一个小男孩和一个小女孩在玩耍，小男孩收集了很多石头，小女孩有很多的糖果。小男孩想用所有的石头与小女孩的糖果交换，小女孩同意了。

小男孩偷偷地把最大的和最漂亮的石头藏了起来，把剩下的给了小女孩，而小女孩则如她允诺的那样，把所有的糖果都给了小男孩。

那天晚上，小女孩睡得很香，而小男孩却彻夜未眠。他始终在想：小女孩是不是也跟他一样，藏起了很多糖果？

今天，生命品质中最难解决的两大难题：一是信任，二是信仰。信任是生命品质的保证，而你，就是信仰的归宿。

传统与现代

每个人都有过去，这是记忆；

每个人都有未来，这是奋进。

每个民族都有过去，这是传统；

每个民族都在当下，这是现代。

80、90后的前辈们，是记忆中的传统；

80、90后新新人类，是奋进中的现代。

其实传统也好，现代也罢，只是时间节点上的不同，我们不应该有太多的针锋相对。

存在即合理！

前辈们自有前辈们的厚重，新新人类自有新新人类的热烈。这是一个多元化的时代，有太多的奇迹在发生，有太多的感动在上演。

我们需要的是相容、相敬，创新、传承。

我们如此地纠结于传统，才会如此惊慌失措地面对现代。

自强与博爱

人生的每一种机遇，都蕴含着成长的力量。

当我们身处逆境时，正是我们进步的开始。

人生的每一种存在，都阐释着生存的价值。

当我们身处顺境时，当是我们思考的开始。

因此，奇妙的自然界赋予了每一种事物双向选择的能力，昼夜更迭，四季轮回。

在很多人的眼里，80、90后代表了叛逆，这是创新的理由；

在很多人的眼里，80、90后代表了时尚，那是辉煌的前兆。

新生代，一个全新的时代。历史总是把希望习惯性地寄托在年青的一代人身上，就如同春日带给人的联想。年轻人有什么样的思想，这个国家就有什么样的思想，正因此，这个国家充满希望。

弱者须自强，强者须博爱！

道法自然

太　极

易有太极，是生两仪，两仪生四象，四象生八卦，八卦定吉凶，吉凶生大业。

每一个中国人都懂得这其中的道理，因为我们太熟悉阴阳文化了。不论说话做事，待人接物，都深谙其中的智慧，所以中国人一贯喜欢有始有终，善恶分明。

天下事无大小，无不有道。道者不易，法者时易，术者简易。

中 和

冬日的骄阳，素雅而静和，从容而悠远，犹如大气之人，语气不惊不惧，性格不骄不躁，气势不张不扬，如淡雅而悠长之花，茂盛而常青之树，所有的外在之气，都源自内在之心。雄才能性缓，志高能心平，大智能气和。

是故非澹薄无以明德，非宁静无以致远，非宽大无以兼覆，非慈厚无以怀众，非平正无以制断。

明明德

在未来，道德的光芒会像太阳一样绚烂。

山水画

中学时，就开始喜欢山水画，最喜欢的还是水墨山水，那浓、淡、焦、干、湿的结合让人很容易走进画中，“水晕墨章”“如兼五彩”“空灵鲜活”，让人流连忘返，似乎人在画中走，画在人中行。

虽说曾几何时，也胆敢肆无忌惮地去临摹几幅，但终归还是喜欢为上。

喜欢那山水之间的淳朴自然，像一个充满智慧又富童趣的老者，厚重而不做作。

喜欢那山水之间的潺潺溪流，流入静谧的湖面，愿把纷扰的灵魂换作一扁舟，轻轻驶过。

喜欢那山水之间的气势磅礴，人与自然和谐相处，自然很大，人很渺小，几笔几点就是一群人。

喜欢之余，也不忘背上行囊走进山水去看看。看那华山之险、嵩山之奇、泰山之雄、衡山之秀、恒山之绝，让人迷恋。人是画中人，画是人中画。

智者乐水，仁者乐山，一幅山水画，包容着多少人生的酸甜苦辣、悲欢离合！

简　单

人的一生都需经由简单—复杂—简单的曲线过程，

这就是成长！

现代人缺乏纯真的思想，尤其在应试教育下长大的孩子。大学生没有了高中生的灵气，高中生没有了初中生的灵气，初中生没有了小学生的灵气，小学生没有了幼儿园小朋友的灵气……人越大，灵性越差！

智慧的人是单纯的人，所以他们显得很可爱。

一个小孩子看起来很像成年人，说话很像，一板一眼，做事更像，很有条理。但凡跟这些小孩子待久了，你就会发现他们一点都不可爱，缺少天性。

小时候特别聪明的小孩子，长大后他们的成就一般都不会很大，因为他们擅长走捷径，忽视事物内在的联系与本质。他们每天生活在聚光灯和追捧下，久而久之，思维系统就出现了问题，变得小事精明，大事愚昧。

小时候，谁没有犯过错，这叫聪明；长大后，谁没有失败过，这叫智慧；老年时，谁都糊涂着，这叫境界！

认真过好每一天，

人生从此不简单。

有时候生活其实很简单，是我们过复杂了；有时候问题复杂了，我们就不简单了。世界上没有真正不快乐的人，只有不肯快乐的心。

大道至简。

简单才不会累，适度才能不悔。

快　乐

现在很多人都在疑惑："快乐为什么不可以持久?"

答案在思考……

有一个人，他一大早起来就遇到了倒霉事，变得很不快乐，于是，他去公司可能就会与同事或领导发生冲突，这令他越发的痛苦，等他下班的时候回到家里，跟家人又会发生冲突，他变得越来越痛苦，最后他病了，经常发脾气。于是，家人会带他去哪里?

是的，医院。医生会帮他治病，然后会给他开药。

请问：开的什么药?

是的，安定的药，让这个病人的内在安定下来，他的病就慢慢地好了。

这个时代的人们，终日忙忙碌碌，却不知道为何而忙？现代人都是需要的很少，想要的太多，高度紧张的生活让所有人像一个陀螺，身不由己地高速运转，责任或者欲望像一根鞭子，不断地抽打在每个人身上，剥夺了稍作休息的机会。

我们在欲望面前，往往会变得言而无信，也会让自己束手无策！

忙忙碌碌的工作，乱七八糟的生活，每天让自己忙得都停不下来，连玩都显得很忙，于是，我们开始拼命地找寻更多的快乐，快乐却似乎离我们越来越远。

现代人离不开手机、电脑，离不开热闹，换回的却是孤独，因为很少有人去反观自己的内心。我们玩手机、玩电脑都知道定期给它清理病毒和垃圾，但是我们自己心灵的病毒和垃圾却无人理睬。

源自于外在刺激的快乐，总是很短暂，只有源自内在空间的快乐，以直报怨，以德报德，耳顺且心静，主动乐观，快乐自己，也快乐了别人，才能真正享受快乐的妙趣。

在今天的社会，最快乐的人，既不是穷得叮当响的人，也不是家财万贯的人，往往是那些由温饱到小康的一批人。

小康万岁！

活　着

人生就是一种修行，人生最大的问题是态度问题，最核心的问题是思想问题，最根本的问题是价值观问题，这三个问题解决好了，人生就开始变得和谐、圆满。

活　法

这是一个快速奔跑的时代，欲望太多，速度太快，我们的身心人为地失去了平衡，被动地去适应不断变换的世界。人生的智慧在于如何把持生存的和谐与内心的平衡，不要过，也不要不及。

感　恩

感恩是人生旅途免费的加油站。孝是一种心态，爱是一种状态，心灵保持静态，生活需要动态，心理就不会变态。

曾经有一条微博在网上广为流传："今生你还能和父母见多少次面？假如你的父母今年有 60 岁了，如果父母活到 100 岁，如果一周能见上父母一次面，那你此生能与父母相见的机会只有 2085 面；如果一个月能见上父母一面，那么此生能与父母相见的机会只有 480 面，如果每一年才能见上父母一次面，那么此生能与父母相见的机会只有寥寥的 40 次了。"

树欲静而风不止，子欲养而亲不待。

父亲给儿子东西的时候，儿子笑了；儿子给父亲东西的时候，父亲哭了。

小孝，养父母之身；

中孝，养父母之心；

大孝，养父母之志；

至孝，养父母之慧。

百善孝为先！

身于行

一个人

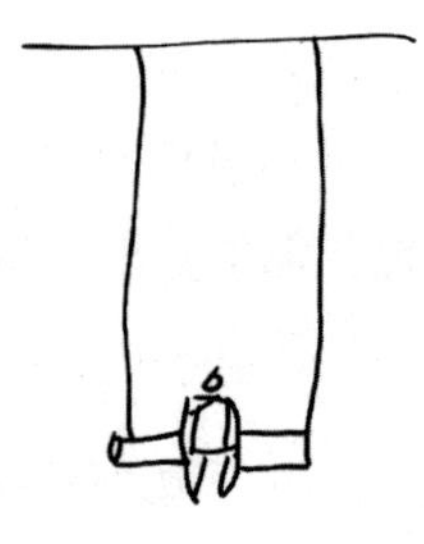

从我们这一代出生开始，
世界变得越来越绚烂。
手中的铅笔，颜色越来越多了；
身上的衣服，颜色越来越多了；
餐桌的饭菜，颜色越来越多了；
就连色彩本身也越来越丰富了。
可我依旧热爱记忆中那天空的湛蓝，
与那满是繁星的夜，
美得让你缺少遐想的机会，
只是安安静静地用心去生活。
人大了，世界更精彩了，
而我的内心，
还是有一个人。
一个人想，

一个人走，

一个人哭，

一个人伤心。

每一个人，

每一个梦，

每一分钟，

每一次失落……

爱自己

有人说，每个人的一生都要寻找四个人：第一个是自己，第二个是你最爱的人，第三个是最爱你的人，第四个是共度一生的人。

但悲哀的是，在现实生活中，后三个人通常不是同一个人。你最爱的人，往往没有选择你；最爱你的人，往往不是你最爱的；而共度一生的那个人，偏偏不是你最爱的也不是最爱你的人，只是在最适合的时间出现的那个人。

有人问，为什么自己常常感到很孤寂，没有人了解自己，也没有人关心自己，更没有人爱自己。其实，每个人是自己把自己变成了最熟悉的陌生人，没有人了解自己的根源在于自己不深入了解自己，不接纳自己，不改变自己。在这个世界上，改变他人不如改变自己。人，只有照顾好自己，才能照顾好别人，不爱自己，何以宽恕众生？人是很容易把自己当敌人一样痛恨的，让自己更受伤，让周围的人更痛苦。

人只有认识了自己，才不会孤独！

人只有学会爱自己，才有理由爱别人！

能　力

人的能力来自两个方面：一是自信，即状态；二是实践，即真知。

出发的时候，我们需要放下（面子）；行进的当中，我们需要放松（心情）；成功的时候，我们需要放慢（脚步）。

物有甘苦，尝之者识；道有夷险，履之者知。只有修炼好能力，才会让自己真正地去享受快乐！

否 极

人生最大的财富是苦难！

任何苦难，只要在你的承受范围之内，就是磨炼；如果超出了你的承受范围，就是灾难。

成长是化繁为简，苦难是灵性之源。苦难不仅可以让人变得成熟，还可以让人成为智者。在成功之前，所有的苦难都是日后弥足珍贵的人生财富。

人生最大的机遇是贫穷！

世界上只有两种悲剧：一种是没有得到，另一种是得到了！当一个年轻人过早地得到了太多德性驾驭不了的东西，对于他来说也许是灾难的开始！

逆境是年轻人走向成功和辉煌的历练场。一个人能够吃多大苦，就能享多大福。真正的成功者，不是年轻时拥有了多少金钱，而是把握住了多少次成长的机会。

穷则变，变则通，通则久！

不要惧怕生活的贫穷，可怕的是一个人的内心一贫如洗！

裸

当一个人剥除了累赘，卸下了面具，一丝不挂的时候，他才真实地存在……

镜头一：回忆

我，20 世纪 80 年代出生，大学毕业离家，南漂，这是我人生中唯一一次父母没来得及参与的命运邂逅。

发小叫我木子，父母叫我儿子，领导叫我小子，朋友叫我傻子……

我呢，一直认为自己是金子，每天满脑袋都是房子、车子、票子，不为面子，只为日子。

我是谁？一个生在阳光下、长在幸福里的时代好青年。

镜头二：现实

也许没有人知道我是谁，除了身上这件从地摊上淘来的世界名牌。

我每天早上起来除了刷牙，还会洗个“眼”，脸是免洗的，因为它在现实生活中已经显得微不足道。

上班总是很匆忙，下班更是很匆忙。

匆匆忙忙中，我马上奔三了。

在这个而立之年，我最怕四个人。

年迈的父母，未来的丈母娘，还有总是用不同号码给我打骚扰电话说认识我的那个人。

镜头三：天桥上·车流里

不记得谁说过大丈夫要三十而立，我站在这么高的地方，算不算？

繁华的城市留给我的是什么？

工作是不稳定的，房子是租的，家具是房东的，连喝水的杯子都是手机充值送的。

在这个小小的自留地里，除了回忆，我还有什么？

当一个人靠回忆还活着的时候，

不知道是已经老去，还是希望的开始。

镜头四：房间·床·烟头

钟表滴滴哒哒拖着沉重的脚步走到了凌晨1：30。

而我，毫无睡意。

因为我醒来的时候已经睡着了。

床上放满了关于成功的书籍，它们用真实的谎言讲着动听的故事。

在昏暗中，唯有熄灭的烟头还在孤独地萦绕。

镜头五：周末·早晨·阳光

城市里，周末的早晨，车很少，人也很少。

总习惯一个人踏上单车在马路上骑行。

安安静静的，让灵魂去拥抱阳光。

一个又一个十字路口像极了人的一生，走走停停。

而那不断转动的车轮，是我的双脚永不停息！

夜

小A小的时候，家在农村，
一到夜晚，天整个地拉下脸，
人们都早早就入睡了，
小A趴在床上，安安静静地盘点很多快乐的事。
大一点，父亲老Z工作调动，家搬到了城里。
小A也早早地趴在床上，
可城里的夜灯火通明，半拉天都是亮的。
小A开始越睡越晚，
人就变得越来越不精神。
再大一点，外出上大学，
小A有时候整夜无眠。
大家你一句我一句漫无目的地聊着天，
总会时不时地冒出一句：
那×××，你睡了吗？
立马就有人回一句：
哪睡了，不正跟你聊着吗？
这一头却呼噜声响起。
工作以后，小A经常出差，
认识的人越来越多，知心朋友始终没变，

走过的城市越来越多，牵挂的人始终没变，
今夜，
又无眠。
在这个城市里璀璨的夜晚，
小 A 多么怀念小的时候，
那村，
那家，
那个夜！

过　客

人，但凡来到这个世界上，
就是想做一回真正的过客。
每个人也是别人生命里的过客，
每一天这些匆匆过客都擦肩而过。
有些熟悉的身影在脑海闪烁，
我们却早已叫不出他们的名字。
有些熟悉的名字在记忆中飞逝，
我们却不知道他们早已远行。

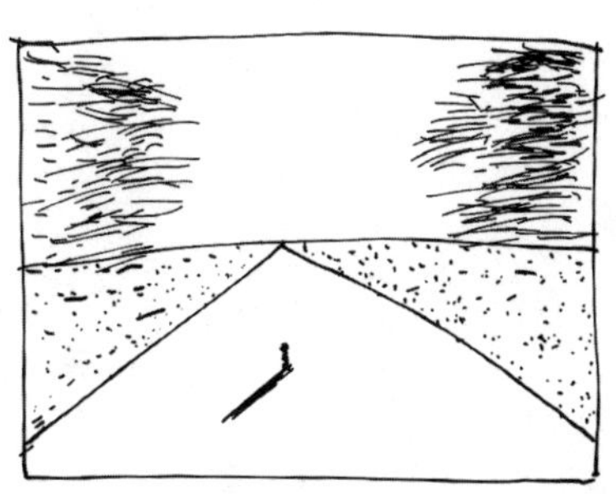

人这一辈子，说长不长，说短不短。
若所爱的人渐行渐远，
回忆依然存储在心间。
人这一辈子，说短不短，说长不长。

若爱我的人他日重现。
相聚依旧会快乐无间。
人这一辈子，就这一辈子，
酸甜苦辣，生老病死，
匆匆忙忙，亦真亦幻。
人，就是这个世间的过客。
一切都终将成为过眼云烟！

常　识

今天，我们最缺的不是伟大的理论，而是普通的常识，不是高超的信仰，而是基本的良知。所以，最紧要的事情不是制造理论和奢谈信仰，而是恢复常识与良知。一个人若能够坚持常识与良知，只说自己心里真实的想法，不跟着别人胡说八道，也不口是心非，他就可以算是半个智者，另外半个，则要看他有没有天分。

常识是无须解释、众所周知的知识，是与生俱来、合乎情理的学问。不论是现在的应试教育、素质教育，还是中国传统教育、西方现代教育，都应该让教育回归本源。

如果小孩子学习的东西，不是适合自己民族的东西，不是自己引以为豪的东西，不去发掘问题的根源，寻找相互的联系，而是断章取义，本末倒置，这不是学识，而是一种负担。不求由来，只要结果，我们就缺乏常识。所以现代的学生大都不热爱学习，工作以后，仍然大都不热爱学习。一生都讨厌学习，是什么原因？问问自己的本心就很清楚了。

我们没有把最简单、最实用、最有价值的弄懂，却把复杂的、凌乱的、无关紧要的知识花大量时间去研究，去记忆。就如同建房子一样，只管地上建高楼，不管地下水难流，只管高楼往上建，不管地基会塌陷。

现在是地球村的时代，中国与世界的距离从未如此之近，人与人的知识、思想、文化的交流越来越密切。真正好的学识要建立在古为今用、西为中用、内求外发的基础上，科学性地去创造才有价值。

现在也是资讯爆炸的时代，知识不被管理是一件多么危险且可怕的事情。资讯越丰富，我们越要学会用脑，要把我们的大脑培养成扫描仪，而不是存储器，装得太满了，新的东西就无法进入了。在我们经历了原始文明、农业文明、工业文明、商业文明以后，现在更要提倡资讯文明。

激素文化我们要杜绝，否则我们就会变成知识乞丐、文化侏儒。一个没有自我文化的民族，是不能够对世界有什么贡献的，而且，在世界上也不会受到尊重。

所以，我们要热爱民族的文化，不可全盘否定，也不要不加变通地拿来。

因为，文化需要敬畏，教育需要践行，经济需要合理，科技需要创新，社会需要发展，人民需要安居乐业，这就是常识！

改 变

当我年轻的时候，我的想象力没有受到过限制，我梦想改变这个世界。

当我成熟以后，我发现我不能够改变这个世界，我将目光缩短了些，决定只改变我的国家。

当我进入暮年后，我发现我不能够改变我的国家，我的最后愿望仅仅是改变一下我的家庭，但是，这也不可能。

当我躺在床上，行将就木时，我突然意识到：如果一开始我仅仅去改变我自己，然后，作为一个榜样，我可能改变我的家庭；在家人的帮助和鼓励下，我可能为国家做一些事情。

然后，谁知道呢？我甚至可能改变这个世界。

改变大于能力，能力大于知识。

心于思

对 话

在偌大的候机厅里，只有我与一本书在对话，其他人都向手机深深地低下了平时异常高贵的头。

因为强大，恋上孤独，而孤独又是冷静与思考的催化剂。你在思考什么，你就会得到什么！

你和自己聊过天吗？

学习，是成长的最好方法；沟通，是成长的最快路径。

人要学会跟自己对话，

我们才会真正地长大！

心 路

人的一生，其实就是心路的一个历程。

从小时候的天真懵懂，存储着快乐的记忆；到中年时的奋斗拼搏，换回了安居乐业；再到暮年时的耳顺与不逾矩，人生好似一部连续剧，而你，既是导演，又是绝对的男或女一号。

人的一生，其实就是追求完美的一个过程。

每个人都在寻找风景，哪晓得，每个人也都是风景。人生不是拼了命地活到尽头，而是学会去享受每一个过程，这才是人生。

有的时候，得回头看看，看看那往事的游离与缥缈，每一步路，其实都有一个脚印历历在目，那都是财富。

有的时候，得抬头看看，看看那明日的憧憬和梦想，往前走一步，一步一个脚印，人生越走越富足。

每个人的成长，其实就是心路的成长。有坎坎坷坷，也有幸福快乐，有酸甜苦辣，也有悲欢离合，不管怎么走，总得往前走，不管怎么走，总得走到头！

心 智

为什么每个人的命运不一样？为什么每个人的工作态度不一样？为什么每个人的生活质量不一样？为什么有的家庭幸福，有的家庭破裂……因为事情的结果往往来源于行动，行动来源于选择，选择来源于思想，而思想，来源于我们的心智。

心智就是我们命运的钥匙。

高兴的小小狗和不高兴的小小猫一起找吃的。小小狗说："太好了，要去找吃的了。"小小猫说："太糟了，得去找吃的了。"

它们各自只捡到一个鸟蛋，其他什么也没有找到。小小狗说："太好了，还捡到了一个蛋。"小小猫说："太糟了，只捡到了一个蛋。"

它们刚要煮蛋吃，突然蛋壳裂开了。小小狗说："太好了，我们有一只小鸟了。"小小猫说："太糟了，没有蛋吃了。"

小小狗和小小猫开始喂小鸟。小小狗说："太好了，我可以把小鸟养大了。"小小猫说："太糟了，我成了小鸟的保姆了。"

小鸟越长越大了。小小狗说："太好了，看着它能长多大。”小小猫说：“太糟了，它要长到多大？”

小鸟长得太大了。小小狗说：“太好了，我有了一个大鸟朋友。”小小猫说：“太糟了，这么大的鸟我可吃不了。”

有一天，大鸟飞走了。高兴的小小狗和不高兴的小小猫只好再去找吃的……

忽然，大鸟给它们送来了很多好吃的。这回小小狗和小小猫都高兴了。它们说：“太好了，今天的运气真好呀！”

每个人都有一个心脏，却有两个心房，在这两个心房里面，分别住着两个小人叫“太好了”与“太糟了”，当你每次在做选择或决定的时候，这两个小人都会站出来一决高下，这就是我们的心智在发挥作用。

心 识

佛经中有这样一个譬喻。有一天，自己的心教训了身体一顿，心对身体说："每天从早上起，我这颗心就帮你穿衣服，帮你洗脸、刷牙，教你吃饭、走路，你的进退坐卧，哪一样不是我在帮忙？现在，你这个身体要修行求道，你一会儿到这个寺庙朝拜，一会儿又到那个寺庙顶礼，每天拖着个躯壳东奔西跑，四处问道，真是缘木求鱼，你怎么不向我这颗心问道呢？所谓'佛在灵山莫远求，灵山只在汝心头；人人有个灵山塔，好向灵山塔下修'，放着我这个现成的灵山不求，却向身外觅佛。身体，你也太糊涂了！"

其实我们每个人都存在于两个空间之中，一个是外在空间，我们用肉眼就可以看到的，它们充满了诱惑和炫丽；一个是内在空间，它们根植在我们每个人的内心，需要静心修炼。

三界唯心，万法唯识，身于行，心于思，灵于静。

思 乡

每个游子都有一个永恒的记忆，那是儿时家乡的味道。

不论你走多远，走多久，思乡的味蕾总是挥之不去。也许每个人味蕾上有关于酸甜苦辣咸的记忆不尽相同，但每每想起来时，都让人止不住口水直流，真想跑回去品味一番。在中国，每逢传统佳节，游子都会从四面八方赶回家乡，无论饭菜是否廉价或粗糙，那都是每个游子日夜思念的美味。一家人，一桌美味，这就是中国人的幸福！

每当外出的游子离家时，背包里一定装着家乡的味道，那是妈妈用勤劳、朴实的双手留在儿女心头的记忆。离家越远，家乡的味道就越浓。

思乡，思亲，也思念家乡的味道！那种味道，是爱的味道，也是幸福的味道！

兄 弟

2000 年，千禧之年！

而我，却沉浸在异常的悲痛之中。

我亲爱的表弟，永远地离开了这个世界。

他人和善，有点内向，帅气的脸庞总露出迷人的微笑。

他热爱生活，敬畏生命。

在病魔面前，一直苦苦坚守。

他说，他还有梦想在守护。

然而，当无情的疾病把他折磨得越来越坚强的时候，

突然，就毫无征兆地带他离开了。

那一刻，仿佛我的生命也即将结束，心像破了一个大洞。

表弟走了，带走了我对他深深的思念，

时至今日，我依然能够感觉到他在世界的某个角落微笑着、默默地看着我。

那时候，我被严重的头痛已折磨好几年，

周末常去的地方就是医院，医生成为了我熟悉的朋友，可我却一直怀疑他。

表弟离开的那一天，倾盆大雨。

我将表弟已经僵硬的身体揽在怀里，感受着生与死咫尺之间的距离。

可有谁知道我当时内心也是倾盆大雨。

就在倾盆大雨里，我完成了为表弟生前许下的最后一个承诺，

从电玩店买回一台游戏机陪他一起下葬。

表弟走了，生命的轮回永远地被定格在18岁那个季节。

他的一生，就18年。

其实曾经的我也是那样地惧怕死亡，

可当我知道生命也会如此地脆弱时，我选择了坚强。

那一晚，我想表弟，

泪水夺眶而出。

打开日记本，认认真真地写下：

活着，真好！

心暖了

人生永恒的追求是快乐和幸福。
一个人有钱了，不快乐，并不算是富有，
一个人没钱了，不快乐，会更加的贫穷。
幸福是一种心理体验，需要我们用心去感知。
一年有四季，四季各不同，
而人心是天气最好的调节器。
还记得童年时的那首歌吗？
还记得小时候的天真烂漫吗？
还记得放学回家路上玩耍的小伙伴吗？
还记得下雨天坐在父亲的肩头一起回家吗？
还记得……
回忆是一种美妙的东西，
它会让我们学会寻找内心的那颗种子，
当我们开始回忆的时候，
不是我们开始变老了，
而是我们更懂得珍惜了。
人活着，心暖了，就好！

变形人

每个人都是原型人物，活着活着，我们就变成了演员，后来，我们被生活塑造得越来越丰富，我们都彻底地变形了。

人生就是一场变形记，有人演主角，就得有人演配角，有人演好人，就得有人演坏蛋，有人从小人物变成了大人物，就有人从大人物变成了小人物……但男、女一号分别只有一个，那也许就是多数人向往的成功。

你看他好，他看你好，原来每个人都不是你看的样子，我们都变形了……其实我们都一样——变形人！

逝　去

我一直以为时间很短，岁月很长。

在得知生命行将结束时，我的内心充满了恐惧，要撒手这世间的美好，除了不舍，全是恐慌。往事像飞速的回忆片，一幕一幕划落在心头，那些熟悉的人，那些过往的事，让我的心无法平静，在僵硬的面孔下，我的心已经扭曲，泪水拼了命地夺眶而出，诉说它生命的最后一次凄凉，以后它只能永远地留在眼睛里。

而当生命真正结束时，蒙眬中全是美好，我似乎慢慢地飞了起来，看到了天堂就在那里，大门敞开。就在那一秒中，我感到了曾经的这个世界是那么的祥和与安静，每个相处过的人都是那样的善良与可爱，而我，好像从未真正来过，只是站在那里悄悄地注视着这里发生的一切，这一切都如被定格般这样清晰，那般豁达。

于是，在生命逝去的那一刻，我学会了呐喊，如果生命再来过一次，我一定会好好珍惜。

我热爱这个世界，也忠诚于我的生命，可是生命唯有一次，所以我们要好好活着，一旦离开，就会很久。

灵于静

窗

清晨，起床，打开窗户，
新鲜的空气会扑面而来，
让思想舒展在清爽的自然之中，
美好的一天开始了！
当一个人迷茫、无助、痛苦之时，
我们也要学会打开心灵的窗户。
背上行囊，出去走走，
换换空气，拥抱自然，
卸下烦恼和忧愁，才能一身轻松。
人，生来就是群居动物，需要相互依靠，
一个人独处久了，总会显得孤独和落寞。
年轻人，
把心交出来，
带上你的心灵去旅行。
打开窗——虚室生白！

门

不知道何时有了门，
起初，门是出入用。
伴随着人类的文明，
门也在不断地进化中。
门在我们的生活中越来越多，
出了房门，进电梯门，
出了电梯门，开车门，
关了车门，出小区门，
走进公司的大门，
关上办公室的门……
门，让我们的生活变得越来越烦琐。
人生过得越好，似乎历经的门会越来越多。
其实，
每个人都有两扇门，
一扇房门，
一扇心门。
房门要时常打开，让自己走出去；
心门要时常敞开，让别人走进来。
打开心门，走出房门，别把自己的一生搞得像小偷。

视　界

有人说，眼睛会说话，

因为它是每个人心灵的窗户。

我们通过这个窗口看外面的世界，一世繁华。

于是我们开始漫无目的地不断奔跑，

和自己赛跑，也和别人赛跑，

为了更好的明天拼命努力。

我们却很少闭上眼睛，安安静静地看看自己内心的世界。

因为，

在那里才住着一个最真实、最美好的自己，

有空跟他聊聊天，他才是最懂你的人。

曾经有人坦言：

这是一个最好的时代，这是一个最坏的时代。

而我们，就是主宰这个时代的主人，

我们的心就是这个时代最美妙的旋律。

今天，你过得快乐吗？

今天，你又为何过得不快乐？

在我们不断丰富的物质世界里，

我们的精神世界是否会因为自己的懒惰而变得荒芜。

懒惰是一种性格，快乐是一种人生态度，

简单，则是人生的至高境界。

活在自己的围城之中，本身就是一种痛苦。

而这一切都源自于心。

人定胜天，道法自然！

安　静

小 A 在很多场合总是很安静，
当大家都在喋喋不休的时候，而他在思考。
小 A 知道，一个人内心的安静很重要，
那是灵魂在发光。
周围的朋友，
有的人外表坚强，内心脆弱，
有时候一场朋友聚会，后来会演变成追悼会似的哭哭闹闹。
也有的人外表柔弱，内心坚强，
这些人总是能带给别人快乐与力量。
心乱了，整个世界就乱了。
一个人内心的崩塌，
比什么都来得容易，
也比什么都可怕。
人要热闹得起来，
也要能安静得下来。
不要亢奋，也不要忧郁，
学会静虑，心才自由！
静，不是一种空虚，而是一种力量。
性向善而厚德，心好静而生慧。

觉　醒

我们在路上，我们也在觉醒。

在这个繁荣的时代，经济繁荣是基础，文化繁荣是核心，人心繁荣是根本，我们将用自己的努力，去赢得世人的尊重！

音乐是人心灵的钥匙，安静是人智慧的法门。所有靠物质支撑的幸福感，都不能持久，都会随着物质的离去而离去，只有心灵的淡定宁静，继而产生的身心愉悦，才是幸福的真正源泉。

在每个人的成长过程中，有时最痛苦的不是贫穷，而是内心的困惑与迷茫。

现在中国人有个误区，以为击垮了谁，超越了谁，就是比谁强，以这种逻辑在成长着。其实，一个人是不是真正的强者，不是看他摆平了多少人，而要看他帮助了多少人——能帮助别人，这是德；能帮到别人，这是能；有德、有能的人才是强者（星云大师语）。

清贫不仅是思想的导师，并且是风格的导师，它使得精神与肉体同样懂得淡泊。

活着，有两种东西容易让人迷失：一是谎言，二是欲望。

只有不断觉醒，才能获得新生！

爱

在人的一生当中，我们都在不断地追寻爱的影子。

爱是美好的源泉，爱是最美的语言。

因为一个人如果没有了爱，生命会即刻枯萎。

在亲人之间，爱是包容和谅解；

在长幼之间，爱是鼓励与引导；

在友人之间，爱是问候与关怀；

在恋人之间，爱是沟通与融入；

在陌生人之间，爱是微笑与礼让。

爱，无处不在，它驻扎在我们每个人善良的心中，

无论老幼尊卑，不要让它沉寂不语，

学会释放，用心接纳。

爱，是一个民族的自信！

爱，要大声说出来，

可以感动别人，也能感动自己。

大爱无疆，有爱就有力量！

笑

不知道何时开始，我们忘记了微笑，

让愤怒和愁眉苦脸侵略着整个脸庞。

中国台湾著名绘本作家几米先生说："一个人总是仰望和羡慕着别人的幸福，一回头，却发现自己正被仰望和羡慕着，其实每个人都是幸福的。只是，你的幸福，常常在别人的眼里。"

日子一天一天向前，于是我们都集体怀念。

怀念那曾经爽朗、轻松的微笑，让人感动。

大肚能容，容天下难容之事；开口便笑，笑天下可笑之人。笑是一种人生的智慧，更是自信的表达。

富贵在于骨法，忧喜在于容色。

人是会笑的动物，失去了微笑我们还剩下什么？

正

小A发现，现在身边很多人总是在讨论不正常，听得越多，小A就慢慢思考，一个人自己正常了，看到的事情就正常了。因为任何事物都有正反两面，福兮祸所伏，祸兮福所倚，一切都在不断地运行与转化。

老子说："有无相生，难易相成，是非相形，高低相盈，音声相和，前后相随。恒也。"

别人没礼貌，你有礼貌，你就有礼了。

一个"您好"，是胸怀的体现，一个"请"字，是自信的象征；一声"谢谢"，有感恩之心；一声"对不起"，一笑泯恩仇；道一声"再见"，为的是下一次更好的相见。

别人没诚信，你有诚信，你就有信了。

所以要懂得：居善地，心善渊，与善仁，言善信，政善治，事善能，动善时。夫唯不争，故无尤。

夫尺有所短，寸有所长，物有所不足，智有所不明，数有所不逮，神有所不通。

一个人要有正语，才有正念，才有正思维；

一个社会能正视，才有正见，才有正能量！

无须指责，做好榜样。

梦

小 A 从小就常常做一个相同的梦，梦里伸手不见五指，总有两个铜铃大的绿眼睛死命地盯着他，他害怕，一直跑，拼命地跑，那双大眼睛就一直追，拼命地追。

每当眼看就要追上的时候，小 A 的耳边总会响起一个老人善良的声音："孩子，不要怕，唯有努力，黑暗才会过去。"

小 A 挣扎着醒来时，满头大汗，眼前仍旧黑暗，可不一会儿，天就亮了。

其实整个世界都是一场梦，

在梦里，我们虽然都很清醒，但却无力去做任何一个决定，任由事态发展变化。唯独在现实中，我们才能真正地成为命运的主角！

年轻时，不要怕；

老年时，不要悔。

不忘初心，

方能始终！

相信年轻，

相信未来，

中国新生代！

功 毅力 无奈 希望 放弃 拖延 懦弱 失

卑贱 兴趣 挫折

障碍 幽默 逆境

愉悦 坚持 惆怅 目标 孤独

勇敢

理想 失败 艰辛 简单 无辜 踏实 伟

忧患 信念 义气

坚韧 微笑 平淡 创业 辉煌 恐

可怜 回忆 积极

欲望 迷茫 如梦

多舛 坚强 背叛 坎坷 诚

学习 勤奋

怨恨 奋斗 自强 自立

钱 后悔 沉沦 征服 吃

消极 顺境

害怕 自信

脆弱 美好 渺小 凄惨

谦让 胆小 坦然

自负 遥遥 堕落 才华 怀念 耐

复杂 崎岖

舒坦 健康

抱怨 紧张 包容 和谐

单纯 借口 绝望